全国高职高专"十三五"规划教材

计算机应用基础情景化教程

（Windows 7+Office 2010）

（第二版）

主　编　王宏斌　张尼奇　王　锋

副主编　孟庆娟　刘婧婧　李　瑛　池明文　孙　妍

主　审　张建军

中国水利水电出版社

www.waterpub.com.cn

·北京·

内 容 提 要

本书结合当前计算机技术的发展趋势，以培养高职高专学生的实际应用能力为切入点，精心设置了教材内容。全书采用情景化教学模式，强调理论与实践相结合，突出对学生在现实生活中应用能力的培养。全书由 5 部分构成，分别为计算机的选择与应用、互联网的简单应用、Word 2010 电子文档制作、PowerPoint 2010 演示文稿制作、Excel 2010 电子表格制作，共 10 个项目，并以 5 个学以致用的实例加强在实际工作中的运用能力掌握。

本书不仅可以作为应用型、技能型人才培养院校的教学用书，也可以作为各类培训班的教材。

图书在版编目（CIP）数据

计算机应用基础情景化教程：Windows 7+Office
2010 / 王宏斌，张尼奇，王锋主编. -- 2版. -- 北京：
中国水利水电出版社，2018.7
全国高职高专"十三五"规划教材
ISBN 978-7-5170-6589-0

Ⅰ. ①计… Ⅱ. ①王… ②张… ③王… Ⅲ. ①
Windows操作系统－高等职业教育－教材②办公自动化－应
用软件－高等职业教育－教材③Office 2010 Ⅳ.
①TP316.7②TP317.1

中国版本图书馆CIP数据核字(2018)第147671号

策划编辑：陈宏华　　　　责任编辑：封　裕　　　　封面设计：李　佳

书　名	全国高职高专"十三五"规划教材 **计算机应用基础情景化教程（Windows 7+Office 2010）（第二版）** JISUANJI YINGYONG JICHU QINGJINGHUA JIAOCHENG （Windows 7+Office 2010）
作　者	主　编　王宏斌　张尼奇　王　锋 副主编　孟庆娟　刘婧婧　李　瑛　池明文　孙　妍 主　审　张建军
出版发行	中国水利水电出版社 （北京市海淀区玉渊潭南路 1 号 D 座　100038） 网址：www.waterpub.com.cn E-mail：mchannel@263.net（万水） 　　　　sales@waterpub.com.cn 电话：(010) 68367658（营销中心）、82562819（万水）
经　售	全国各地新华书店和相关出版物销售网点
排　版	北京万水电子信息有限公司
印　刷	三河市铭浩彩色印装有限公司
规　格	184mm×260mm　16 开本　16.5 印张　384 千字
版　次	2015 年 9 月第 1 版　2015 年 9 月第 1 次印刷 2018 年 7 月第 2 版　2018 年 7 月第 1 次印刷
印　数	0001—4000 册
定　价	41.00 元

编　委　会

前　言

　　本书结合当前计算机技术的发展趋势，以培养高职高专学生的实际应用能力为切入点，精心设置了教材内容。全书采用情景化教学模式，强调理论与实践相结合，突出对学生在现实生活中应用能力的培养。全书由 5 部分构成，分别为计算机的选择与应用、互联网的简单应用、Word 2010 电子文档制作、PowerPoint 2010 演示文稿制作、Excel 2010 电子表格制作，共 10 个项目，并以 5 个学以致用实例加强在实际工作中的运用能力掌握。

　　本书力图通过与现实生活紧密结合的综合案例，提高学生的计算机操作能力，培养学生的信息素养。全书采用情景化模式，知识点选取以"生活需求"为宗旨，并立足于高职高专学生的学习特点，操作过程采用"步骤化"方式，突破传统的书写风格，学生只要按照操作步骤就可以完成项目即可。通过本书的介绍，力求使学生在未来的学习与生活中能够真正地通过计算机解决一些力所能及的问题。

　　本书由王宏斌、张尼奇、王锋主编，孟庆娟、刘婧婧、李瑛、池明文、孙妍任副主编，张建军担任主审，赵津考、吕润桃、于慧凝、张庆铃、陈慧英、郭洪兵、王敏、刘际平、李军、刘泽宇、方森辉、王慧敏、孙丽、卜月胜、张凯、戴春燕、谢海波、禹晨、孙元、石芳堂、曹琳、陈江、王芳、温立霞、李世锦、刘伟、李彦玲、韩耀坤、赵红伟、车鹏飞、刘莉娜、张英芬、刘素芬等也参与了本书部分内容的编写。

　　由于时间仓促，书中难免有疏漏之处，敬请读者指正批评。

编　者

2018 年 4 月

目　　录

项目 1　计算机的选择与应用

项目知识点

- 了解计算机的基本概念
- 掌握计算机系统构成
- 掌握计算机中的信息处理
- 计算机病毒及其防御
- 计算机基本操作

项目场景

小李是大学一年级新生，为了更好地学习专业知识，小李和室友打算各配置一台计算机并且争取可以熟练掌握计算机的基本操作。

为了配置自己的计算机，小李必须了解计算机硬件及计算机的性能指标，以便选购一台适合自己的计算机，于是小李开始着手学习有关计算机的基础知识。

为了在购买计算机后能熟练地使用计算机，小李还需要掌握计算机的基本操作。

项目分析

根据以上场景的分析，小李必须掌握如下技能：包括了解计算机基础知识，掌握计算机系统构成、计算机运行中的信息处理、计算机病毒及其防御、计算机基本操作等。

项目实施

完成以上任务主要需要小李了解和掌握如下内容：

- 计算机的基本概念
- 掌握计算机系统构成
- 计算机运行中的信息处理
- 计算机病毒及其防御
- Windows 环境下的文件管理及基本操作

1.1　认识微型计算机

计算机（computer）俗称电脑，是一种用于高速计算的电子计算机器，既可以进行数值计算，又可以进行逻辑计算，还具有存储记忆功能。随着信息技术的飞速发展，我们的工作、学习和生活越来越离不开计算机。

微型计算机体积小、配置灵活、价格便宜、使用方便，如图 1-1 所示。

图 1-1　微型计算机

1.2　计算机系统的组成

一个完整的计算机系统由"硬件"和"软件"两大系统组成。硬件是指计算机系统中物理装置的总称，例如：显示器、主机等，是构成计算机的实体；软件是计算机所需要的各种程序、数据及其相关资料的集合。软件和硬件相辅相承，缺一不可。

1.2.1　计算机系统的基本组成

一个完整的计算机系统由硬件系统和软件系统组成。

计算机硬件是指物理上存在的各种设备，通常所看到的计算机机箱以及里面各式各样的电子器件或装置、显示器、键盘、鼠标、打印机等，这些都是硬件系统。硬件系统从功能上可以划分为五大基本组成部分，即运算器、控制器、存储器、输入设备和输出设备。主机系统由运算器、控制器和存储器组成。

提示：计算机硬件系统的功能

（1）运算器是计算机对数据进行加工处理的部件，可以进行算术和逻辑运算。

（2）控制器负责向其他各部件发出控制信号，保证各部件协调一致地工作；控制器和运算器组成 CPU。

（3）存储器是计算机记忆或暂存数据的部件。

（4）输入设备，如键盘和鼠标，用于向计算机输入需要处理的数据。

（5）输出设备，如显示器和打印机，用于输出计算机处理结果。

计算机软件是指在硬件设备上运行的各种程序、数据以及有关的资料，包括系统软件和应用软件。计算机之所以能够完成各种有意义的工作，是因为计算机系统是在软件的控制下运行的。硬件和软件两者相辅相成，缺一不可。图 1-2 为计算机系统软硬件结构层次示意图。

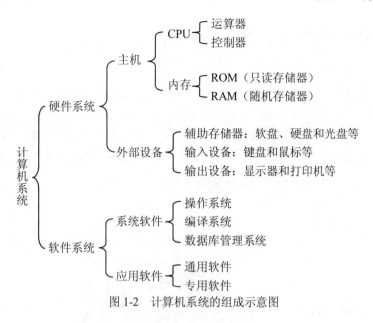

图 1-2 计算机系统的组成示意图

1.2.2 微型计算机的技术指标

计算机的性能指标涉及体系结构、软硬件配置、指令系统等多种因素，一般来说主要有下列技术指标。

（1）字长

字长是指计算机运算部件一次能同时处理的二进制数据的倍数。字长越长，CPU 一次能处理的信息位数就越多，精度就越高。通常字长总是 8 的整数倍，如 8 位、16 位、32 位、64 位等。目前主流 CPU 字长已达 64 位。

（2）时钟主频

时钟主频是指 CPU 的时钟频率，决定 CPU 在单位时间内的运算次数。主频越高，速度越快，主频以兆赫兹（MHz）为单位。

（3）运算速度

运算速度通常是指 CPU 每秒处理指令的多少，单位为 MIPS，即百万条指令每秒。这个指标更能直观地反映机器的速度。

（4）存储容量

存储容量通常分内存容量和外存容量，这里主要指内存容量。内存容量越大，机器所能运行的程序就越大，计算机运行越流畅。目前的个人计算机中通常配置的内存容量已达到 4GB，硬盘等外存储器的存储容量更是达到 2TB。

（5）存取周期

内存储器的存取周期也是影响整个计算机系统性能的主要指标之一。简单讲，存取周期就是 CPU 从内存储器中存、取数据所需的时间。

此外，计算机的可靠性、可维护性、平均无故障时间和性能价格比也都是计算机的技术指标。

1.2.3　微型计算机的硬件及其功能

1. 主板

主板是一块多层印制电路板，是根据不同的系统总线结构设计的。目前，微机普遍采用PCI 总线结构。

主板上有微处理器、内存储器和输入/输出接口，还提供并行接口和串行接口。并行接口用于连接打印机等输出设备，串行接口目前很少使用。主板上另有若干个扩展槽，用于插接各种功能卡，如显卡、声卡和网卡等。主板如图 1-3 所示。

图 1-3　主板结构图

2. 微处理器（CPU）

CPU 是计算机的核心部件，作用如同人的大脑，计算机的所有工作都必须通过 CPU 协调完成。CPU 芯片的型号很多，主频和字长是 CPU 的两个重要技术指标。主频是 CPU 工作时的时钟频率，单位是兆赫（MHz），反映 CPU 的运算速度，主频越高，CPU 的运算速度越快。

目前，CPU 的主频已达 3.0GHz 以上，字长位数已达 64 位。图 1-4 所示为 CPU 正反面。

提示：目前微型计算机的 CPU 市场占有率最大的两个品牌是 Intel 和 AMD。

3. 内存储器

内存储器包括只读存储器（ROM）和随机存储器（RAM）两种。

图 1-4　CPU

ROM 的特点是只能读出信息，不能写入信息，存放在 ROM 中的信息能长期保存而不受停电的影响。ROM 主要用来存放固定不变的控制计算机的系统程序和数据，如常驻内存的监控程序、基本 I/O 系统、各种专用设备的控制程序和有关计算机硬件的参数表等。ROM 中的信息是在制造时用专门设备一次写入的，存储的内容是永久性的，即使关机也不会丢失。

RAM 的特点是可读可写，停电或关机后，RAM 中的信息自动消失。由于 RAM 是计算机数据的信息交流中心，因此 RAM 容量越大，传输速度就越快，性能就越好。目前 RAM 的容量可达到 2GB 以上，还可以根据需要进行扩充。如图 1-5 所示为内存条。

图 1-5　内存条

提示：内存是计算机中最重要的部件之一，它是与 CPU 进行沟通的桥梁。计算机中所有程序的运行都是在内存中进行的，因此内存的性能对计算机的影响非常大。内存（memory）也被称为内存储器，其作用是用于暂时存放 CPU 中的运算数据，以及与硬盘等外部存储器交换的数据。只要计算机在运行中，CPU 就会把需要运算的数据调到内存中进行运算，当运算完成后 CPU 再将结果传送出来，因此内存的稳定运行也决定了计算机的稳定运行。内存是由内存芯片、电路板、金手指等部分组成的。

4. 外存储器

常用外存储器的介绍，如表 1-1 所示。

表 1-1　常用外存储器

设备名	图片	说明
硬盘		硬盘安装在主机箱内，它由许多盘片垂直堆放组合而成，并密封在一个金属容器内。硬盘的精密度高，存储容量大，存取速度快

续表

设备名	图片	说明
光盘和光盘驱动器		光盘驱动器就是我们平常所说的光驱（Optical Disk Driver），用来读取光盘信息的设备，是多媒体电脑不可缺少的硬件配置。光盘存储容量大，价格便宜，保存时间长，适宜保存大量的数据，如声音、图像、动画、视频、电影等多媒体信息
移动硬盘		移动硬盘通过数据线连接到计算机的 USB（通用串行总线）接口上，从而完成读写数据操作。移动硬盘的容量通常比硬盘小一点。移动硬盘的特点是体积小、容量大、安全性好、速度快
U 盘		U 盘采用闪存存储介质（Flash Memory）和 USB 接口，具有轻巧精致、使用方便、便于携带、容量较大、安全可靠等特点
存储卡和读卡器		存储卡，是用于手机、数码相机、便携式电脑、MP3 和其他数码产品上的独立存储介质，一般是卡片的形态。存储卡具有体积小巧、携带方便、使用简单的优点。近年来，随着数码产品的不断发展，存储卡的存储容量不断得到提升，应用也快速普及。目前流行的存储卡包括 SM、CF、MMC、SD、MS、XD 等

5. 显卡

显卡负责执行 CPU 输出的图形图像处理指令，通常把处理结果输出到显示器。高性能显卡常以附加卡的形式安装在计算机主板的扩展槽中，也有的显卡集成在主板上，如图 1-6 所示。

图 1-6　显卡

6. 网卡

网卡是计算机接入网络的必需设备，是构成网络的基本部件，如图 1-7 所示。随着社区宽带、ADSL 等宽带接入方式的普及，网卡已成为计算机的标准配置，不少主板也集成了网卡，并且无线网卡越来越受到人们的青睐。

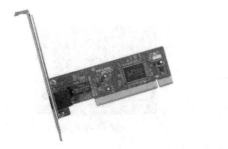

图 1-7　网卡和无线网卡

7. 机箱和电源

机箱和电源如图 1-8 所示。机箱的作用是安装固定所有主机配件，给它们一个家，同时还能屏蔽电磁辐射。电源的作用是将高压交流电转换成计算机元件正常工作的低压直流电。

图 1-8　机箱和电源

8. 键盘和鼠标

键盘和鼠标都是最常用的输入设备，如图 1-9 所示。用户可以通过键盘把文字信息和控制信息输入到计算机中。图形界面操作系统的绝大多数操作都是通过鼠标完成的。按照结构划分，鼠标可分为机械式鼠标和光电式鼠标。

图 1-9　键盘和鼠标

9. 显示器

显示器是最重要的输出设备，如图 1-10 所示。显示器可以将用户输入到计算机的信息和计算机处理后的结果显示在屏幕上，便于用户和计算机的交流。常用的显示器有阴极射线管（CRT）显示器和液晶显示器（LCD）。

图 1-10　显示器

10. 打印机

打印机是计算机最常用的输出设备，如图 1-11 所示。打印机分为击打式打印机和非击打式打印机两类。常用的击打式打印机是针式打印机，常用的非击打式打印机是喷墨打印机和激光打印机。

针式打印机的耗材是色带，价格便宜，但打印速度慢、噪声大、字迹不光滑、打印质量差。

喷墨打印机的优点是设备价格低廉、打印质量较好，还能彩色打印、且无噪声；缺点是打印速度慢，耗材（主要指墨盒）较贵。

激光打印机的优点是无噪声、打印速度快、打印质量好，常用来打印正式公文及图表；缺点是设备价格高、耗材贵（主要指晒鼓和碳粉），因此打印成本较高。

图 1-11　打印机

11. 扫描仪

扫描仪用于图像和文稿的输入，如图 1-12 所示。它的主要性能指标是分辨率，单位是 dpi（dot per inch），表示每英寸的像素数，常用扫描仪分辨率为 300dpi～2400dpi。

图 1-12　扫描仪

1.3 计算机中的信息处理

1.3.1 信息存储单位

计算机中的信息用二进制表示，常用的单位有位、字节和字。

1. 位（bit）

计算机中最小的数据单位是二进制的一个数位，每个 0 或 1 就是一个位。它也是存储器存储信息的最小单位，通常用"b"来表示。

2. 字节（Byte）

字节是计算机中表示存储容量的基本单位。一个字节由 8 位二进制数组成，通常用"B"表示。一个英文字母占一个字节，一个汉字占两个字节。

存储容量的计量单位有字节（B）、千字节（KB）、兆字节（MB）以及吉字节（GB）等。它们之间的换算关系如下：

1B=8bit

$1KB=2^{10}B=1024B$

$1MB=2^{10}KB=1024KB$

$1GB=2^{10}MB=1024MB$

因为计算机使用的是二进制，所以转换单位是 2 的 10 次方。

3. 字（Word）

字是指在计算机中作为一个整体被存取、传送、处理的一组二进制数。一个字由若干个字节组成，每个字中所含的位数，是由 CPU 的类型所决定，如 64 位微机的一个字是指 64 位二进制数。通常运算器是以字节为单位进行运算的，而控制器是以字为单位进行接收和传递的。

1.3.2 进位计数制

1. 十进制

日常生活中最常见的是十进制数，用十个不同的符号来表示：0、1、2、3、4、5、6、7、8、9，称为数符。十进制数据在进行运算时，遵守"逢十进一"的原则。

2. 二进制

二进制数只有两个数符"0"和"1"，所有的数据都由它们的组合来实现。二进制数据在进行运算时，遵守"逢二进一"的原则。

1.3.3 二进制与十进制的相互转换

1. 二进制转化为十进制

二进制数要转换成十进制数非常简单，只需将每一位数字乘以它的权2^n，再以十进制的方法相加就可以得到它的十进制的值（注意，小数点左侧相邻位的权为2^0，从右向左，每移一位，幂次加 1）。

【例1】$(10110.011)_B=1\times2^4+0\times2^3+1\times2^2+1\times2^1+0\times2^0+0\times2^{-1}+1\times2^{-2}+1\times2^{-3}=(22.375)_D$

2. 十进制转化为二进制

十进制数转换成二进制数采用的是：整数部分遵照"倒序除 2 取余法"的原则进行转换；小数部分遵照"顺序乘 2 取整法"的原则进行转换。

【例2】将$(236)_D$转换成二进制。

转换过程如图 1-13 所示。

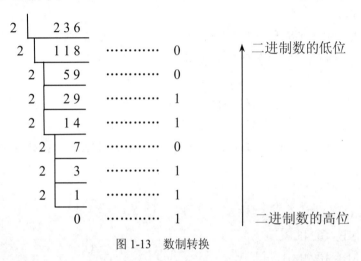

图 1-13   数制转换

1.4   计算机病毒及防御

1.4.1   计算机病毒的分类

计算机病毒（Computer Virus）在《中华人民共和国计算机信息系统安全保护条例》中被明确定义，"病毒指编制者在计算机程序中插入的破坏计算机功能或者破坏数据，影响计算机使用并且能够自我复制的一组计算机指令或者程序代码"。与医学上的"病毒"不同，计算机病毒不是天然存在的，是某些人利用计算机软件和硬件所固有的脆弱性编制的一组指令集或程序代码。它能通过某种途径潜伏在计算机的存储介质（或程序）里，当达到某种条件时即被激活，通过修改其他程序的方法将自己的精确拷贝或者可能演化的形式放入其他程序中，从而感染其他程序，对计算机资源进行破坏。所谓的病毒都是人为造成的，对其他用户的危害性很大。

计算机病毒具体可以分为以下几种：

（1）二进制的文件型蠕虫和病毒。蠕虫的目标是对其他的计算机进行感染，而病毒的目标是对程序文件进行感染。

（2）二进制流蠕虫。它通过网络从一台机器到另一台机器进行传播，出现在机器的内存当中。

（3）脚本文件蠕虫和病毒。脚本文件病毒是以文本形式写成的文件病毒，通过计算机解释程序的支持来执行；而脚本文件蠕虫的宿主为计算机，通过不同的计算机进行传染。

（4）引导型病毒。它是通过使计算机硬盘等的引导扇区受到感染来进行传播，而网络则不属于它进行传播的途径。

（5）混合型病毒。可以使计算机的引导扇区和文件，或者数据文件和可执行文件同时受到感染。

（6）宏病毒。这类病毒属于常见型病毒，是通过使数据文件受到感染来执行特定动作的宏指令。

（7）特洛伊木马、后门。从表面上看特洛伊木马经常是作为一个较为完整的程序文件出现，同时表现为一个比较有用的程序，但是它却在背后执行一些与自己的表象不符的动作，例如后门特洛伊木马就是一个比较特殊的类型。

病毒制造以及黑客工具：用来产生病毒的程序叫做病毒制造工具，因为黑客是比计算机病毒更早出现的以攻击和非法访问别人计算机为目的的特定群体，所以随着技术的更新出现了黑客工具。

程序 Bug 以及逻辑、时间炸弹：在程序中出现的错误即 Bug，而由程序员留在程序中并指定在特定的逻辑条件、时间下发作的 Bug 就是逻辑、时间炸弹。

1.4.2　计算机病毒的特点

（1）主动通过邮件系统和网络进行传播。从以上对计算机病毒的概述中可以看到，如今计算机病毒的流行传播渠道主要为邮件系统和网络；其次是一些不能通过网络传播，但是可以存在于文档当中，通过网上信息的交换来传播的病毒，例如：宏病毒。

（2）传播速度快且危害严重。由于网络是病毒最主要的传播途径，所以世界上任何地方任何新型病毒的出现，都可能以国际互联网为媒介被迅速地传播到世界的各个角落，使受感染的地区出现网络阻塞、瘫痪、丢失数据的情况，甚至会使一些存储在计算机上较为重要的机密文件出现被窃取的后果，更甚者会出现重要的计算机网络信息系统被黑客控制的严重局面。

（3）变种多且难以控制。因为计算机病毒在编写时普遍使用高级语言，所以这些病毒不仅编写方便，并且修改起来也较为容易，进而容易生成比较多的病毒变种，这些病毒变种和母体病毒的破坏和传染机理基本一致，只是在某些特定代码上做了改变。同时由于计算机病毒的主要传播途径为网络，所以一种病毒只要在网络上开始蔓延、传播开来，就会一发不可收拾，难以得到控制。往往是在采取措施的同时已经遭受到了网络病毒的袭击，在这种情况下只有采取对网络服务进行强制关闭的紧急处理措施，才能使病毒得到控制，但这样做可能会使蒙受的损失更大，同时也难以被人们所接受。

（4）病毒功能性越来越强。随着计算机网络技术的不断发展和普及，计算机病毒在具体的编制上也开始跟随科技发展的潮流逐渐变化和提高。现在较以前的病毒只能将自身复制给别的程序而言，更具有如蠕虫、后门、病毒等功能，可以通过网络的形式进行大面积的传播，同时还可以通过非法入侵的方式来达到远程控制或者窃取被控制计算机内信息的目的。

（5）可操作平台越来越广泛。我们现在正身处一个科技发展瞬息万变的时代，科学技术的迅猛发展不仅促进了计算机网络的快速发展，同时也带动了计算机病毒编制技术的发展。正是由于病毒编制技术的发展，使计算机病毒无论是在功能上还是在感染范围上又或是在操作平台的数量上都呈现出一个日益增多的局面。如今的病毒除了文件系统外还可以使邮件系统等计算机其他的方面受到感染，还可以出现在一些新型的电子设备上，如网络设备、手机、信息家电等，它们都有可能被病毒袭击而出现故障。

1.4.3   计算机病毒的预防措施

（1）不要随便浏览陌生的网站。目前在许多网站中，总是存在有各种各样的弹出窗口及插件。电脑病毒本身在技术上并没有进步，但是病毒制造者充分利用了互联网，通过互联网的高效便捷来挖掘漏洞、制造病毒、传播病毒到出售窃取来的账号，形成了一个高效的流水线。黑客可以选择自己擅长的环节运作，从而使得运作效率更高。

（2）安装最新的杀毒软件。杀毒软件能在一定的范围内处理常见的恶意网页代码，还要记得及时对杀毒软件升级，以保证您的计算机受到持续的保护。

（3）安装防火墙。有些人认为安装了杀毒软件就高枕无忧了，其实，并不完全是这样的。现在的网络安全威胁主要来自病毒、木马、黑客攻击以及间谍软件攻击。防火墙是根据连接网络的数据包来进行监控的，也就是说，防火墙相当于一个严格的门卫，掌管系统的各扇门（端口），负责对进出的人进行身份核实，每个人都需要得到最高长官的许可才可以出入，而这个最高长官，就是计算机用户自身。

（4）及时更新系统漏洞补丁。对计算机操作系统进行在线更新，例如：打开杀毒软件自带的系统安全漏洞扫描工具能及时下载并打补丁程序，是对 Windows 操作系统漏洞和安全设置的扫描检查，并提供自动下载安装补丁的功能，自动修复操作系统存在的安全漏洞。

（5）不要轻易打开陌生的电子邮件附件。如果要打开的话，请以纯文本方式阅读信件，更加不要随便回复陌生人的邮件。收到电子邮件时要先进行病毒扫描，不要随便打开不明电子邮件里携带的附件。

（6）对公用软件和共享软件要谨慎使用。使用 U 盘时要先杀毒，以防 U 盘携带病毒传染计算机。从网上下载任何文件后，一定要先扫描杀毒再运行。对重要的文件要做备份，以免遭到病毒侵害时不能立即恢复，造成不必要的损失。

1.5   Windows 环境下的文件管理及基本操作

1.5.1   文件和文件夹

1. 文件

文件是一组相关信息的集合，由文件名标识进行区别。

（1）文件命名规则

中文 Windows 7 允许使用长文件名，即文件名或文件夹名最多可使用 255 个字符；这些字符可以是字母、空格、数字、汉字或一些特定符号；英文字母不区分大小写；但不能出现以下符号：″、|、\、<、>、*、/、:、?。

（2）文件夹

磁盘是存储信息的设备，一个磁盘上通常存储了大量的文件。为了便于管理，通常将相关文件分类后存放在不同的目录中。这些目录在 Windows 7 中称为文件夹。Windows 7 按树型结构以文件夹的形式来组织和管理文件。

1.5.2   文件和文件夹的操作

1．文件和文件夹的选定

（1）选定单个文件或文件夹

用鼠标选定要选择的文件或文件夹即可。

（2）选定多个连续的文件或文件夹

方法一：使用鼠标先选定第一个文件或文件夹，然后按下 Shift 键，再选择最后一个文件或文件夹。

方法二：使用鼠标拖出矩形选框把所要选择的文件或文件夹放在鼠标所选的范围之内。

（3）选定多个不连续的文件或文件夹

先单击所要选定的第一个文件或文件夹，然后按住 Ctrl 键，依次选定你要选择的不连续的文件。

（4）选定全部文件

可以使用快捷方式 Ctrl+A 组合键。

2．文件或文件夹的重命名

先选定需重命名的文件或文件夹，然后单击"文件"菜单，执行"重命名"命令，这时选定的文件或文件夹的文件名被加上了方框，原文件名呈反色显示，变成闪烁的光标，这时键入新的文件名后按回车键即可。

3．文件或文件夹的删除

先选定想删除的文件或文件夹，单击"组织"菜单，执行"删除"命令，或直接按 Delete 键。

4．文件或文件夹的复制与移动

文件或文件夹的常用复制与移动方法有如下几种。

（1）鼠标拖放法

复制：在相同的驱动器上复制文件或文件夹，按下 Ctrl 键，用鼠标选定并拖动到目标位置即可；如果不是在同一个驱动器上复制文件或文件夹，不需要按住 Ctrl 键，直接将目标文件拖动到目标文件中即可。

移动：在相同驱动器上，选择文件或文件夹，用鼠标将选定的内容拖动到目标位置即可。在不同驱动器上，选择文件或文件夹，按住 Shift 键，同时用鼠标拖动选定文件到目标位置即可。

（2）粘贴法

复制：选定文件或文件夹，执行菜单栏"组织"→"复制"命令，打开目标位置，执行菜单栏"组织"→"粘贴"命令即可。

移动：选定文件或文件夹，执行"组织"→"剪切"命令，打开目标位置，执行"组织"→"粘贴"命令即可。

注：以上操作可以使用快捷键 Ctrl+C、Ctrl+V、Ctrl+X 完成，其中 Ctrl+C 是复制，Ctrl+V 是粘贴，Ctrl+X 是剪切。

5．查看、设置文件或文件夹的属性

文件或文件夹的属性是操作系统对文件或文件夹的类型所做的一种标记，通过查看文件属性可以了解文件的文件类型、位置、占用空间、创建时间、修改时间、访问时间及属性等。其中在"属性"对话框中可以设置文件或文件夹的属性为只读、隐藏、存档，如图 1-14 所示。

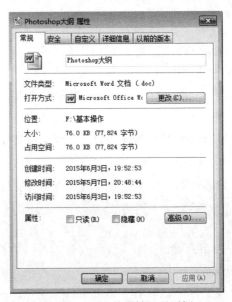

图 1-14　"文件属性"对话框

更改文件或文件夹的属性，首先选择文件或文件夹，执行菜单栏中"组织"→"属性"命令。

6．文件及文件夹的查找

当要查找某个文件或文件夹时，可利用"开始"→"搜索"命令，如图 1-15 所示。

图 1-15　文件搜索

7. 创建新文件夹

打开窗口，在工具栏中找到"新建文件夹"，单击"新建文件夹"，选定新文件夹的父文件夹，然后执行"文件"菜单中的"新建"→"文件夹"命令，如图 1-16 所示。这时窗口中出现带临时名称的文件夹，输入新文件夹名，按回车键或用鼠标单击其他任何地方即可。

图 1-16　新建文件夹

8. 创建文件快捷方式

（1）选择要在其中创建快捷方式的文件夹。

（2）单击右键，执行"新建"→"快捷方式"命令，出现如图 1-17 所示的子菜单。

（3）在"请键入对象的位置"文本框中，输入要创建快捷方式的文件或文件夹的位置，或者单击"浏览"按钮来选择位置。

（4）单击"下一步"按钮，出现"键入该快捷方式的名称"对话框，输入快捷方式的名称，单击"完成"按钮即可。

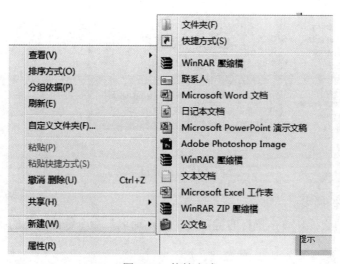

图 1-17　快捷方式

9. 修改文件的扩展名

（1）常见文件扩展名如表 1-2 所示。

表 1-2   文件扩展名

扩展名	类型
.doc	Word 文件
.txt	记事本（纯文本文件）
.ppt	PowerPoint 文件
.xls	Excel 文件
.swf	Flash 文件
.htm	网页文件

（2）修改文件的扩展名

1）显示文件扩展名

单击"开始"→"控制面板"，在"控制面板"窗口中找到"文件夹选项"，单击打开"文件夹选项"对话框，选择"查看"选项卡，取消选中"隐藏已知文件类型的扩展名"复选框，如图 1-18 所示。

图 1-18   取消隐藏扩展名

2）修改文件扩展名

选中要修改的文件，单击鼠标右键，选中"重命名"命令修改文件的扩展名。

项目总结

至此，对计算机基本配置及常规应用的介绍就告一段落。相信学习了上述内容也就对计算机这个在我们生活工作中必不可少的设备有了大致上的了解和认识。至少在选购计算机和简单操作及应用时不再是那么盲目。

项目 2 互联网的简单应用

项目知识点

- 计算机网络的概念
- 计算机网络的分类
- 计算机网络的拓扑结构
- Internet 基础知识
- 组建宿舍局域网
- 邮箱的申请
- 收发邮件
- 保存网页

项目场景

在学习过程中为了培养学生顺利快捷地使用 Internet 资源，老师和学生进行了学习交流，要求学生上网查找所需要的学习资料并保存相关内容。在学习过程中需要申请一个免费电子邮箱，利用该邮箱给任课教师发送电子邮件提出问题或通过邮箱提交作业。小李及同寝室的同学购买电脑后，按照老师的要求把寝室几个同学的计算机组建成一个小型的局域网，并且可以实现上网及资源共享等功能。

项目分析

根据以上项目场景的分析，小李必须掌握如下知识：包括了解计算机网络概念，掌握计算机网络的分类、网络的拓扑结构、Internet 基础知识、邮箱的申请、邮件的收发及网页页面的保存等。

项目实施

完成以上任务主要需要小李了解和掌握如下内容：
- 计算机网络基础知识
- Internet 基础知识
- 组建宿舍局域网（图 2-1）
- 申请邮箱、收发邮件（图 2-2）
- 保存网页（图 2-3）

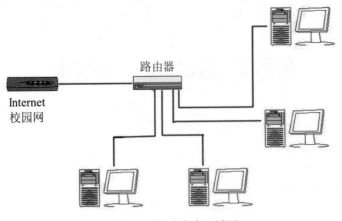

图 2-1   组建宿舍局域网

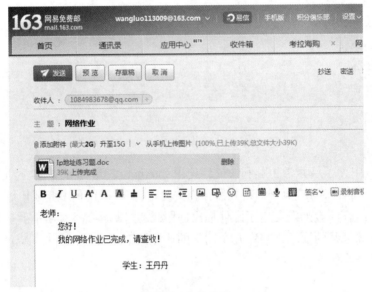

图 2-2   邮件发送

图 2-3   网页保存

2.1　计算机网络基础知识

2.1.1　计算机网络的基本概念

1. 计算机网络

将地理上分散的、具有独立功能的、自治的多个计算机系统通过通信线路和设备连接起来，并在相应的通信协议和网络操作系统的控制下，实现网上信息交流和资源共享的系统。从资源共享的观点出发，计算机网络可定义为：以能够相互共享资源的方式互联起来的自治计算机系统的集合。

计算机网络主要由通信子网和资源子网组成。其中，资源子网包括主计算机、终端、通信协议以及其他的软件资源和数据资源；通信子网包括通信处理机、通信链路及其他通信设备，主要完成数据通信任务。

2. 网络协议

为网络计算机之间进行数据交换而制定的规则、约定和标准称为网络协议。

3. 网络的主要功能

（1）通信功能。

（2）资源共享。

（3）提高系统性能（主要是可靠性和可用性）。

（4）实现数据的传输和集中管理。

（5）均衡负载（即分布式控制和分担负荷），提高计算机的处理能力。

4. 开放系统互联模型（OSI 模型）

OSI 模型分 7 层，如图 2-4 所示。

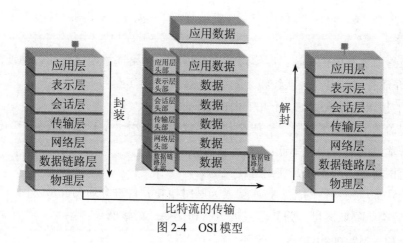

图 2-4　OSI 模型

各层功能如下：

（1）物理层

物理层与移动二进制数和维护物理连接有关。

（2）数据链路层

数据链路层通过帧在一个给定的物理链路传输分组（报文），保持帧的有序以及发现检测到的各种错误，包括传输错误。但是数据链路层只了解在链路另一端的对等实体。数据链路层的地址是为了将网络中一点的数据帧送到另一点。

（3）网络层

网络层知道每个数据链路的对等进程，并负责在链路间移动分组，把它送到目的地。网络层地址是为了把单一分组从网络的一端送到目的地。

（4）传输层

传输层注意的是整个网络，该层是第一个端到端层。其对等实体位于分组的最终目的地。传输层依靠网络层经过中间结点移动分组。传输层地址是为了把网络一端进程的完整信息送到最终目的地的对等进程。

（5）会话层、表示层和应用层提供了如下功能：

1）处理计算机间数据表示的差别。

2）确保数据在网络传输中不被窃取和泄露，并且确保网络不允许未经授权就访问数据。

3）最高效地使用网络资源，通过应用程序及活动同步来管理对话和活动。

4）在网络结点间共享数据。

2.1.2　计算机网络的分类

根据网络的覆盖范围与规模分为：局域网、城域网、广域网。

1. 局域网 LAN（Local Area Network）

范围在几公里之内。局域网的组成主要有：

（1）服务器（Server）：提供给网络用户访问的计算机系统，是局域网的核心，集中了网络的共享资源，并负责对这些资源的管理。

（2）客户机（Client）：又称用户工作站或终端，是指用户在网络环境上进行工作所使用的计算机系统。

（3）网络设备及传输介质：网络设备主要指进行网络连接所需要的各种硬件。局域网中常用的传输介质有同轴电缆、双绞线、光纤和无线通信信道。

局域网的技术特点表现在以下几方面：

（1）覆盖的地理范围有限，一般在几公里以内，适用于某一部门或某一单位。

（2）传输速率高、误码率低。

（3）组网简单，成本低，使用方便灵活。

（4）决定局域网特性的主要技术要素为网络拓扑、传输介质与介质访问方法。按介质访问方法进行分类，局域网可分为共享式局域网和交换式局域网。

2. 城域网（Metropolitan Area Network，MAN）

城域网的范围在广域网和局域网之间，是在一个城市范围内建立起来的计算机通信网络，它将位于同一个城市的主机、各种服务器及局域网等互联起来。目前的城域网采用光纤作为传输介质，基于 IP 交换的高速路由交换机或 ATM 交换机作为交换结点的方案。

城域网分为 3 个层次：核心层、汇聚层和接入层。

（1）核心层主要提供高带宽的业务承载和传输，完成和已有网络（如 ATM、FR、DDN、IP 网络）的互联互通，其特征为宽带传输和高速调度。

（2）汇聚层的主要功能是给业务接入结点提供用户业务数据的汇聚和分发处理，同时要实现业务的服务等级分类。

（3）接入层利用多种接入技术，进行带宽和业务分配，实现用户的接入，接入结点设备完成多业务的复用和传输。

3.　广域网 WAN（Wide Area Network）

广域网也称远程网，范围在几十公里到几千公里，覆盖一个国家、一个地区，甚至全世界。广域网的通信子网可以利用公用分组交换网、卫星通信网和无线分组交换网，将分布在不同地区的局域网或计算机系统互连起来，达到资源共享的目的。广域网应具有以下特点：

1）适应大容量与突发性通信的要求。

2）适应综合业务服务的要求。

3）开放的设备接口与规范化的协议。

4）完善的通信服务与网络管理。

广域网目前主要包括以下几种：

（1）电路交换网

电路交换网是面向连接的网络，在需要发送数据的时候，发送设备和接收设备之间必须建立并保持一个连接，等到用户发送完数据后中断连接。电路交换网在每个通话过程中有一个专用通道，它有模拟和数字的电路交换服务。典型的电路交换网是电话拨号网和 ISDN 网。

（2）分组交换网

分组交换网使用无连接的服务，系统中任意两个结点之间建立起来的是虚电路，信息以分组的形式沿着虚电路从发送设备传输到接收设备。目前大多数网络都是分组交换网，如 X.25 网、帧中继网等。

（3）专用线路网

专用线路网在两个结点之间建立一个安全永久的通道，不需要经过建立或拨号即可进行连接，它是点到点连接的网络。典型的专用线路网采用专用模拟线路，如 E1 线路等。

2.1.3　计算机网络的拓扑结构

计算机网络的物理拓扑结构用来描述计算机网络中通信子网的终点与通信线路间的几何关系，它对网络的性能、网络协议的实现、网络的可靠性以及网络通信成本都有重要影响。

1.　星型

每个结点都有一条单独的通信线路与中心结点连接。

优点：结构简单、容易实现、便于管理，连接点的故障容易监测和排除。

缺点：中心结点是全网络的可靠性瓶颈，中心结点出现故障会导致整个网络的瘫痪，如图 2-5 所示。

2.　总线型

将网络中的所有设备通过相应的硬件接口直接连接到公共总线上，结点之间按广播方式通信。一个结点发出的信息，总线上的其他结点均可"收听"到。

优点：结构简单、布线容易、可靠性较高，易于扩充，是局域网常采用的拓扑结构。

缺点：所有的数据都需经过总线传送，总线成为整个网络的瓶颈；出现故障诊断较为困难。最著名的总线拓扑结构是以太网（Ethernet），如图 2-6 所示。

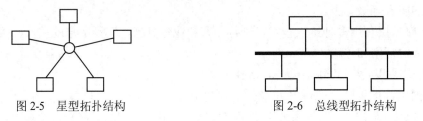

图 2-5　星型拓扑结构　　　　　　　　图 2-6　总线型拓扑结构

3．环型

各结点通过通信线路组成闭合回路，环中数据只能单向传输。

优点：结构简单，适合使用光纤，传输距离远，传输延迟确定。

缺点：环中的每个结点均成为网络可靠性的瓶颈，任意结点出现故障都会造成网络瘫痪，另外故障诊断也较困难。最著名的环型拓扑结构网络是令牌环网（Token Ring），如图 2-7 所示。

4．树型

是一种层次结构，结点按层次连接，信息交换主要在上下结点之间进行，相邻结点或同层结点之间一般不进行数据交换。

优点：连接简单，维护方便，适用于汇集信息的应用要求。

缺点：资源共享能力较低，可靠性不高，任何一个工作站或链路的故障都会影响整个网络的运行，如图 2-8 所示。

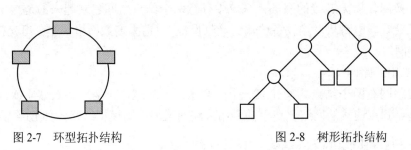

图 2-7　环型拓扑结构　　　　　　　　图 2-8　树形拓扑结构

2.2　Internet 基本知识

2.2.1　Internet 基本概念

Internet 是一个通过网络互联设备——路由器，将分布在世界各地的数以万计的局域网、城域网以及大规模的广域网连接起来，而形成的世界范围的最大计算机网络，又称全球性信息资源网。这些网络通过普通电话线、高速率专用线路、卫星、微波、光纤等将不同国家的大学、公司、科研部门、政府组织等的网络连接起来，为世界各地的用户提供信息交流、通信和资源共享等服务。Internet 网络互联采用 TCP/IP 协议。

1. Internet 的结构与组成

从 Internet 实现技术角度看，它主要是由通信线路、路由器、主机、信息资源等几个主要部分构成。

（1）通信线路：用来将 Internet 中的路由器与路由器、路由器与主机连接起来。通信线路分为有线通信线路与无线通信信道，常用的传输介质主要有双绞线、同轴电缆、光纤电缆、无线与卫星通信信道。

传输速率是指线路每秒钟可以传输的比特数。通信信道的带宽越宽，传输速率也就越高，人们把具有"高数据传输速率的网络"称为"宽带网"。

（2）路由器：它的作用是将 Internet 中的各个局域网、城域网、广域网以及主机互连起来。

（3）主机：是信息资源与服务的载体。主机可以分为服务器和客户机。

（4）信息资源：包括文本、图像、语音与视频等多种类型的信息资源。

2. TCP/IP 协议、域名与 IP 地址

（1）TCP/IP 协议的基本概念

TCP（Transmission Control Protocol，传输控制协议）/IP（Internet Protocol，网际协议）泛指以 TCP/IP 为基础的协议集，它已经演变成为一个工业标准。TCP/IP 协议具有以下特点：

1）是开放的协议标准，独立于特定的计算机硬件与操作系统。

2）适用于多种异构网络的互联，可以运行在局域网、广域网，更适用于互联网。

3）有统一的网络地址分配方案。

4）能提供多种可靠的用户服务，并具有较好的网络管理功能。

（2）域名与 IP 地址

Internet 上的计算机地址有两种表示形式：IP 地址与域名。

1）IP 地址：IP 地址是唯一的，它具有固定、规范的格式。由网络地址与主机地址两部分组成，每台直接接到 Internet 上的计算机与路由器都必须有唯一的 IP 地址。IP 地址由 32 位（即 4 个字节）二进制数组成，以 X.X.X.X 格式表示，每个 X 为 8 位，其值为 0～255。

IP 地址由 InterNIC（Internet 网络信息中心）统一负责全球地址的规划、管理；同时由 InterNIC、APNIC、RIPE 三大网络信息中心具体负责美国及其他地区的 IP 地址分配。通常每个国家需成立一个组织，统一向有关国际组织申请 IP 地址，然后再分配给本国客户。

IP 地址由两部分组成，即网络号（Network ID）和主机号（Host ID）。网络号标识的是 Internet 上的一个子网，而主机号标识的是子网中的某台主机，如图 2-9 所示。

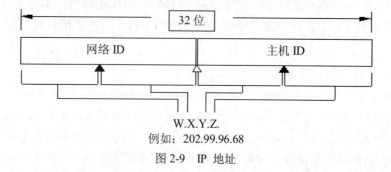

图 2-9　IP 地址

2）域名：由于 IP 地址结构是数字型的，抽象且难于记忆，因此 TCP/IP 专门设计了一种字符型的主机名字机制，即 Internet 域名系统（DNS）。主机名与它的 IP 地址一一对应。

域名采用层次结构的基于"域"的命名方案，每一层由一个子域名组成，子域名间用"."分隔。因特网上的域名由域名系统（Domain Name System，简称 DNS）统一管理。DNS 是一个分布式数据库系统，由域名空间、域名服务器和地址转换请求程序三部分组成。有了 NDS，凡域名空间中有定义的域名都可以有效地转换为对应的 IP 地址，同样，IP 地址也可通过 DNS 转换成域名。

域名地址是从右至左来表述其意义的，最右边的部分为顶层域，最左边的则是这台主机的机器名称。第一级域名往往表示主机所属的国家、地区或组织性质的代码，第二级或第三级是子域，最后一级是主机。

通常，最高（顶级）域名采用组织模式和地理模式划分。

地理模式按国家或地区划分：cn 代表中国、jp 代表日本、uk 代表英国、hk 代表中国香港地区、tw 代表中国台湾地区等。

组织模式划分：gov 代表政府机构、com 代表商业机构、net 代表主要网络支持中心、edu 代表教育机构、ac 代表科研机构等。

2.2.2 Internet 提供的主要服务及有关概念

（1）WWW（World Wide Web）服务：也称 Web 服务、万维网、环球网或 3W 网，它实际上是网络的一种服务，是一种高级查询、浏览服务系统。WWW 是一种广域超媒体信息检索的原始规约，其目的是访问分散的巨量文档。WWW 使用了超媒体与超文本的信息组织和管理技术，发布或共享的信息以 HTML 的格式编排，存放在各自的服务器上。用户启动一个浏览软件，利用搜索引擎进行检索和查询各种信息。

（2）电子邮件（E-mail）：是 Internet 为用户之间发送和接收信息提供的一种快速、简单、经济的通信和信息交换的手段。

电子邮件系统主要包括邮件服务器、电子邮箱和电子邮件地址的书写规则。

邮件服务器用于接收或发送邮件。

电子邮箱是邮件服务机构为用户建立的，只要拥有正确的用户名和用户密码，就可以查看电子邮件内容或处理电子邮件。

每一个电子邮箱都有一个邮箱地址，称为电子邮件地址；电子邮件的地址格式为：用户名@主机名，主机名为拥有独立 IP 地址的计算机的名字，用户名指在该计算机上为用户建立的电子邮件账号，"@"是 at 的意思，是 E-mail 地址的专用标示符号，不可多也不可少。

（3）远程登录（Telnet）：是指在网络通信协议的支持下，用户的计算机通过 Internet 与其他计算机建立连接，当连接建立后，用户所在的计算机可以暂时作为远程主机的终端，用户可以实时使用远程计算机中对外开放的全部资源。

（4）文件传输（FTP）：允许用户将一台计算机上的文件传送到另一台计算机上，利用这种服务，用户可以从 Internet 分布在世界不同地点的计算机中拷贝、下载各种文件。

FTP 即文件传输协议（File Transfer Protocol），是一个用于在两台装有不同操作系统的机器中传输计算机文件的软件标准。它属于网络协议组的应用层。

（5）新闻与公告类服务：个人或机构利用网络向用户发布有关信息。

2.2.3　URL 与主页

1. 统一资源定位器（Uniform Resource Locator，URL）

统一资源定位器，又叫 URL，是专为标识 Internet 上资源位置而设的一种编址方式，用来指定访问哪个服务器中的哪个主页，包括服务器类型、主机名、路径及文件名。我们平时所说的网页地址指的即是 URL，它一般由三部分组成：

传输协议：//主机 IP 地址或域名地址/资源所在路径和文件名

2. 主页（HomePage）

主页是一种特殊的 Web 页面。指个人或机构的基本信息页面，用于对个人或机构进行综合性介绍。通过链接便可访问其他页面，主页是访问个人或机构详细信息的入口点。用户可以通过主页访问有关的信息资源。

3. 超文本

超文本是一种文本，它和书本上的文本是一样的。但与传统的文本文件相比，它们之间的主要差别是，传统文本是以线性方式组织的，而超文本是以非线性方式组织的。这里的"非线性"是指文本中遇到的一些相关内容通过链接组织在一起，用户可以很方便地浏览这些相关内容。这种文本的组织方式与人们的思维方式和工作方式比较接近。

2.2.4　Internet 的基本接入方法

用户接入 Internet 主要有两种方法：

（1）通过局域网接入 Internet：是指用户所在的局域网使用路由器，通过数据通信网与 ISP（Internet Service Provider，Internet 服务提供商）相连接，再通过 ISP 的连接通道接入 Internet。

（2）通过电话网接入 Internet：是指用户计算机使用调制解调器，通过电话网与 ISP 相连接，再通过 ISP 的连接通道接入 Internet。用户在访问 Internet 时，通过拨号方式与 ISP 的远程接入服务器（RAS）建立连接，再通过 ISP 的路由器访问 Internet。

不管使用哪种方法，首先都要连接到 ISP 的主机。选择 ISP 时应注意以下几点：ISP 所在位置、ISP 支持的传输速率、ISP 的可靠性、ISP 的出口带宽、ISP 的收费标准等。

2.3　组建宿舍局域网

2.3.1　宿舍局域网的基本功能

根据学生的上网需要在宿舍里可以组建宿舍局域网，组建宿舍局域网可以实现如下功能：

- 资源共享
- 接入校园网和 Internet
- 共享 Internet

2.3.2　宿舍局域网的规划

1．规划拓扑结构

在组建宿舍局域网时，局域网的基本结构将采用对等网络，各个计算机没有主次之分。它的拓扑结构将采用星型拓扑结构，以避免某台计算机出现故障导致整个网络瘫痪。

2．传输介质

在组建宿舍局域网时需要用到传输介质，由于宿舍局域网中的网线需要移动和改动，一般采用 5 类双绞线。

3．硬件设备

在组建宿舍局域网中需要的硬件设备有：计算机（多台）和路由器。

4．操作系统

操作系统可以采用主流的 Windows 7。

2.3.3　宿舍局域网的组建

1．硬件的连接

把计算机通过双绞线与路由器连接。

2．环境的配置

（1）TCP/IP 协议的设置

1）单击"开始"→"控制面板"，如图 2-10 所示。

图 2-10　选择"控制面板"

打开"控制面板"界面如图 2-11 所示。

2）在"控制面板"中选择"网络和 Internet"，打开界面如图 2-12 所示。

图 2-11　"控制面板"窗口

图 2-12　"网络和共享中心"窗口

3）在"网络和共享中心"界面中单击"更改适配器设置"，打开界面如图 2-13 所示。

图 2-13　"网络连接"窗口

4）双击"本地连接"，打开"本地连接属性"对话框，如图 2-14 所示。

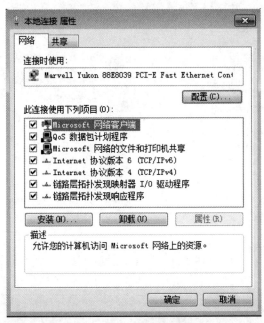

图 2-14 　"本地连接属性"对话框

5）在对话框中选择"Internet 协议版本 4（TCP/IPv4）"选项，然后单击"属性"按钮，打开界面如图 2-15 所示。

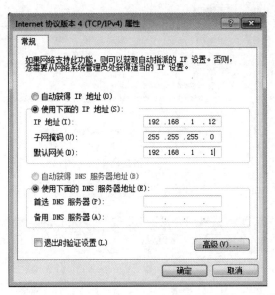

图 2-15 　"Internet 协议版本 4（TCP/IPv4）属性"对话框

（2）加入工作组

1）进入系统桌面，在桌面中找到"计算机"，单击鼠标右键，选择"属性"命令，如图 2-16 所示。

图 2-16　选择"属性"

打开"系统"界面如图 2-17 所示。

图 2-17　"系统"窗口

2）在打开界面中选择"高级系统设置",打开"系统属性"对话框,如图 2-18 所示。

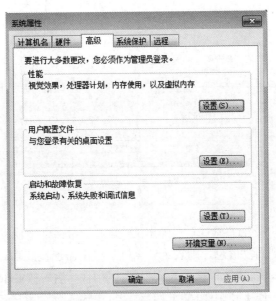

图 2-18　"系统属性"对话框

3）在"系统属性"对话框中,选择"计算机名"标签,如图 2-19 所示。

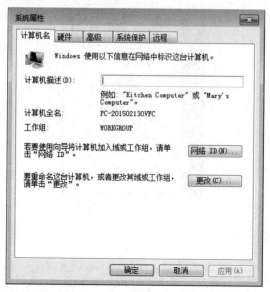

图 2-19　"计算机名"选项卡

4）在"计算机名"选项卡中，单击"更改"按钮，进行工作组名和计算机名的更改，单击"确定"按钮，如图 2-20 所示。

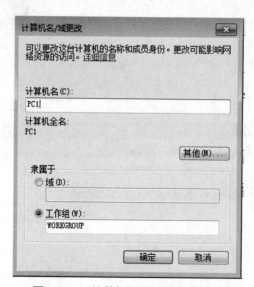

图 2-20　"计算机名/域更改"对话框

（3）路由器配置

1）选择"开始"→"运行"命令，在弹出的"运行"对话框中输入命令：ping 192.168.1.1。

2）如果能顺利收到回复信息，则表示计算机与路由器连接成功。

3）打开 IE 浏览器，在地址栏输入 http://192.168.1.1，然后按 Enter 键。

4）在随后打开的"连接到 192.168.1.1"对话框中输入登录用户名和密码。路由器的默认登录用户名和密码均为"admin"。

5）随后打开路由器管理页面，表示已经成功配置了路由器。

2.4 申请邮箱及发送邮件

电子邮件是一种用电子手段提供信息交换的通信方式，是互联网应用最广的服务。通过网络的电子邮件系统，用户可以以非常低廉的价格（不管发送到哪里，都只需负担网费）、非常快速的方式（几秒钟之内可以发送到世界上任何指定的目的地），与世界上任何一个角落的网络用户联系。

电子邮件可以是文字、图像、声音等多种形式。同时，用户可以得到大量免费的新闻、专题邮件，并实现轻松的信息搜索。电子邮件的存在极大地方便了人与人之间的沟通与交流，促进了社会的发展。

2.4.1 注册邮箱

1. 注册新邮箱

如果需要注册一个电子邮箱，可以申请网易邮箱、腾讯 QQ 邮箱、搜狐邮箱等，具体注册方式根据每个运营商的具体要求而定。以下以申请网易电子邮箱为例。

（1）在 IE 浏览器的地址栏输入网易的网址：www.163.com，然后按回车键，会出现如图 2-21 所示的界面。

图 2-21 输入网址

（2）接下来单击网页上方的"注册免费邮箱"链接，则会出现如图 2-22 所示的界面。

按照要求填写好有关注册资料（注：不带星号的选项可填可不填，带星号的选项为必填项），一定要记住所填的邮箱地址和密码。

图 2-22 填写注册资料

　　然后单击"立即注册"按钮，就会进入如图 2-23 所示界面。

图 2-23　验证信息

　　正确填写手机号后，单击"免费获取短信验证码"，手机将收到一个短信息，短信里会包含一个验证码，将验证码填入"短信验证"栏，再单击"提交"按钮，就可激活新注册的邮箱，今后就可以使用这个新注册的电子邮箱收发邮件了，如图 2-24 所示。

图 2-24　注册成功

2．进入已注册好的电子邮箱

　　如果要收发邮件，必须先进入先前已注册好的邮箱（如：wangluo113009@163.com）里，步骤如下：

（1）在 IE 浏览器的地址栏输入网易的网址：www.163.com，按回车键，如图 2-25 所示。

图 2-25 输入网址

（2）在打开的网易主页面上单击上方的"登录"按钮，在账号栏及密码栏里填写好已注册的网易电子邮箱的地址及密码，如图 2-26 所示。

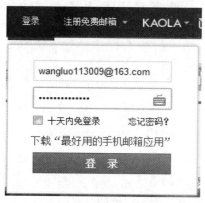

图 2-26 填写登录信息

（3）单击"登录"按钮后，进入注册好的电子邮箱界面，如图 2-27 所示。

图 2-27 邮箱主页面

2.4.2　发送邮件

单击已进入的邮箱主页面的"写信"选项，就可以进入写信界面，如图 2-28 所示。

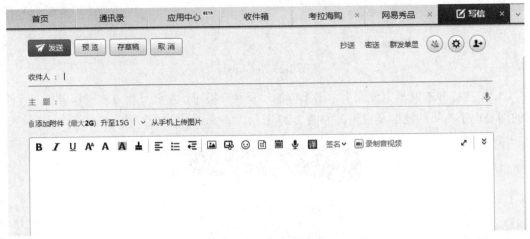

图 2-28　"写信"界面

发送邮件的具体步骤为：

（1）在"收件人"栏正确填写上你欲发送的邮件的接收人的电子邮箱地址，注意字母的大小写。

（2）在"主题"选项栏里填写你的邮件的主题。

（3）在主题下面的文字编辑栏里填写你的邮件正文，如图 2-29 所示。

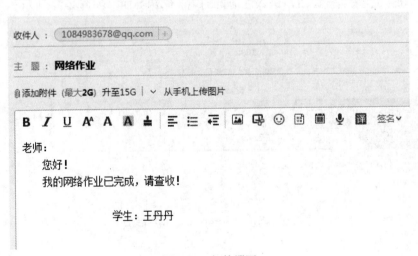

图 2-29　邮件撰写

（4）如果想随信发送图片、表格、文稿、歌曲或视频文件等，可以直接以"发送附件"的形式发送。单击"主题"栏下方的"添加附件"，在弹出的"打开"对话框里添加你想发送的附件，如图 2-30 所示。

图 2-30　添加附件

2.4.3　接收邮件

（1）首先要进入电子邮箱。

（2）在进入邮箱界面后，单击"收信"选项或"收件箱"选项，如图 2-31 所示。

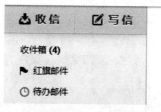

图 2-31　收信

（3）在打开的界面里，找到你要查收的新邮件（显示为"未读邮件"），单击邮件标题（即主题）打开即可查看所接收邮件，如图 2-32 及图 2-33 所示。

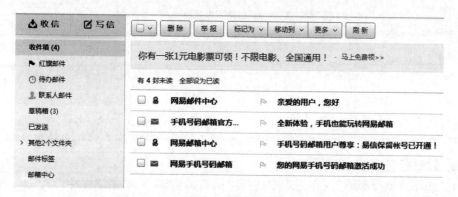

图 2-32　邮件列表

图 2-33　查看邮件

2.5　网页保存

网页保存步骤为：

（1）打开 IE 浏览器，在地址栏里输入要打开的网页地址，如图 2-34 所示。

图 2-34　打开网页

（2）在"工具"栏中找到"文件"，单击"另存为"，如图 2-35 所示。

（3）在"保存网页"对话框中选择保存路径，输入"文件名"或用系统自动添加的文件名（一般是网页的标题），如图 2-36 所示。

（4）选择"保存类型"，在列表中选择"网页，全部"，单击"保存"按钮，如图 2-37 所示。

图 2-35 选择"另存为"

图 2-36 "保存网页"对话框

图 2-37 选择保存类型

项目总结

21 世纪是信息时代，计算机网络技术已经渗透到各行各业，并与人们的日常工作、生活密切相关，用户可以在网上传送电子邮件，发布新闻消息，进行电子购物、电子贸易、远程电子教育等。网络电话、智能化小区、数字城市等技术及概念的出现，使人们对计算机网络技术产生了浓厚兴趣。在信息时代，网络的生命在于其安全性和可靠性。计算机网络最重要的方面是它向用户所提供的信息服务及其所拥有的信息资源，网络连接在给用户带来方便的同时，也给网络入侵者带来了方便。因此，未来的计算机网络应该具有更高的安全性和可靠性，足以抵御高智商的网络入侵者，使用户更加可靠、方便地拥有大量各式各样的个性化客户服务。

项目 3   Word 2010 文字处理——应聘自荐信的制作

项目知识点

- Word 的基本概念，Word 的基本功能和运行环境，Word 的启动和退出
- 文档的创建、打开、输入、保存等基本操作
- 文本的选定、插入与删除、复制与移动、查找与替换等基本编辑技术
- 字体格式设置、段落格式设置、文档页面设置、文档背景设置和文档分栏等基本排版技术

项目场景

毕业，你准备好了吗？

假如下周你就毕业了，要进行面试，面试单位通知你提前做一份应聘自荐信。那么自荐信中应该写些什么才能很好地展现自我，并且能满足面试单位的需求？它有什么格式要求和规范呢？

项目分析

1. 自荐信包含的内容及书写要求

应聘自荐信是向用人单位自荐谋求职位的书信，是踏入社会、寻求工作的第一块敲门石，也是求职者与用人单位的第一次短兵相接。如何让你的才能、潜力在有限的空间里耀出夺人的光彩，在瞬间吸引住用人单位挑剔的眼光，这封自荐信极其关键。特别是自荐信中自荐信的编辑和排版更是重中之重。本项目通过字处理软件 Word 2010 制作一份应聘自荐信模板，为同学们的就业打下良好基础。

自荐信的主体有四部分：说明原因、推销自己、表达认识及表明态度、详备资料。

首先，说明原因。正文需简单说明求职的原因，譬如有的刚毕业欲谋职；有的为了学以致用，发挥所长；有的"为家乡效力是我最大的心愿"……如明确对方招聘的职位，则应说明信息的来源。如"近日阅《福州晚报》，敬悉贵公司征聘会计一名……"或"昨日从福建电视台广告节目中得知贵公司急聘商检人员一名，十分欣喜……"等，然后才进入第二个环节：推销自己。

其次，推销自己。即具体介绍自己的学历、资历、专长等，如"我是福建工贸学校 98 电子商务专业的学生，将于明年 7 月毕业。"因是即将毕业的学生，可不写工作经历，而着重写在校的表现及所取得的重要成果，目的在于突出学习好、能力强。学习好，如"在校三年间能勤奋学习，连续两年被评为'三好学生'，四次获得校二等奖学金。"能力强，如"担任班级生活委员"或"担任校学生会副主席""任学校文学社记者兼校团委会干事""利用课余时间从事

某某商品的推销工作，有一定的工作经验"或"利用假期在某某公司兼做打字员"等，以事实说明自己有组织管理能力与工作经验。

有的人没担任过任何学生干部职位，也未获过任何荣誉，可写除专业外的各种考试情况。如"在校期间，除圆满完成中专三年的学习课程外，还兼修国家大专自考的某专业，并已通过几门的考试……"或"在校期间，已取得国家计算机某级，省珠协的珠算等级测试能手某级的合格证书……"或取得会计证、导游证等，这些都是证明你能力水平的硬件。

如果是应聘某一职位，则针对这个职位的特点和要求，有主有次地介绍自己如何有能力胜任。

介绍专长时只选主要的一两项简单说说即可。如"还擅长书法、绘画、写作、演讲"，并获过奖项，这些均可纳入你的专长里，但点到为止。至于文体方面，除非对方有特别的要求，否则介绍多了反而适得其反。

此外要注意考虑自己有没有比别人更有利的条件，以便增加录用的机会。如有当地的户口，有住房，懂一两门外语或懂当地的方言等，有时这些小细节反而能成为你胜出的资本。

无论如何，推销时要适当，且不卑不亢。过于谦卑，自贬身价，会给对方以碌碌无能的不良感觉；过于高傲，狂妄自大，会给对方以轻佻浮夸的恶劣印象。上述介绍是对方审视能否录用你的重要依据之一，应详细、具体、真实。

再次，表达认识及表明态度。即简单阐述你对单位的认识，以拉近与用人单位的距离，争取亲近感，同时表达你对进入公司或对某一职位需求的迫切程度。

对单位的认识可写它的发展前景，或厂史、宗旨，意在说明你对单位的重视，强调这个单位是最适合你发挥才干之所。如"贵公司在短短的八年间从众多乡镇企业中脱颖而出，决非偶然，而是靠领导高卓的远见及员工强大的凝聚力，才使某某产品名扬海内外，在市场经济浪潮中独树一帜。这是青年人锻炼、发挥才能的好时机、好场所，我愿在毕业后到贵公司效力，不知贵公司尚有职缺否？"或者"我自信能胜任贵公司征聘的职务，故自荐应聘。"

最后，详备资料。自荐信的文末附上自己的所有证明资料，包括个人简历、毕业证书及有关证件的影印件并注明份数，并附上自己的联系地址、电话等，以备用人单位能及时通知到你。

写自荐信需要注意的几个问题：

（1）实事求是。

把自己的学历、资历、专长如实介绍给对方，不弄虚作假，不夸大其词。

（2）投其所好。

尽可能根据用人单位的要求介绍自己，这是在已知职位的条件下，针对对方的需求，有选择地突出自己的专长。

（3）言简意明。

自荐信不仅反映自己的写作水平，同时也会给对方以精明练达的好印象，所以应当直截了当，避免冗长累赘。如文笔好，则可适当以情动人。

（4）书写工整，规范排版。

自荐信毕竟是有求于人，须给对方留下美好的第一印象。常说字如其人，如词不达意，或字体潦草，极可能求职受挫，白白错过良机。如用计算机打字，在落款签名时，最好用手写签名，以示对对方的尊重。

　　各人的才能不同，自荐信长短也应因人而异。善于文字表达者可写长些，不善于者则应藏拙，写短些。但不论长短，只要能以事实或真情打动用人单位录用你，那么，你的目的就达到了。

　　2. 自荐信的制作

　　使用计算机规范地编辑、排版自荐信，既可以体现你做事的严谨，又可以体现你的计算机水平，一定会给应聘单位留下良好的印象。Word 2010 是 Microsoft 公司开发的 Office 2010 办公组件之一，主要用于文字处理工作。Word 2010 充分利用了 Windows 图文并茂的特点，为处理文字、表格、图形等提供了一整套功能齐全、运用灵活、操作方便的运行环境，也为用户提供了"所见即所得""面向结果"的使用界面。因此，使用 Word 2010 编辑、排版自荐信是非常合适的。制作自荐信时要注意根据自荐信内容的多少，应用字体、字号、行间距、段间距等功能进行排版，目的是使自荐信的内容在页面中合理分布。

项目实施

完成本项目主要需要以下几个步骤：

- Word 2010 概述
- 创建、输入、保存应聘自荐信
- 编辑和排版应聘自荐信
- 自荐信的页面设置和打印

实施效果图如图 3-1 所示。

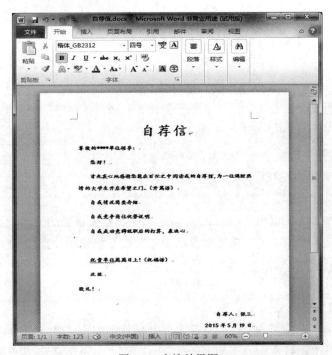

图 3-1　实施效果图

3.1　Word 2010 概述

3.1.1　Word 2010 的启动与退出

1. 启动 Word 2010

（1）使用"开始"菜单中的"所有程序"，在 Microsoft Office 中启动 Microsoft Word 2010 选项，如图 3-2 所示。

图 3-2　使用"开始"菜单启动 Word

（2）使用桌面上的 Word 快捷方式启动 Word 2010。

2. 退出 Word 2010

（1）单击标题栏右端的"关闭"按钮。

（2）单击"文件"选项卡→"退出"命令。

（3）双击 Word 标题栏左端的控制菜单图标。

（4）按组合键 Alt+F4。

无论使用以上哪种方法退出 Word 2010，若退出时仍有未存盘的文档，会出现一个对话框，询问是否保存该文档，单击"是"按钮保存，单击"否"按钮不存盘。

3.1.2　Word 2010 的窗口界面

Word 2010 的窗口界面如图 3-3 所示。

①标题栏：显示正在编辑的文档的文件名以及所使用的软件名。

②"文件"选项卡：基本命令（如"新建""打开""关闭""另存为"和"打印"等均位

于此处。

　　③快速访问工具栏：常用命令位于此处，例如"保存"和"撤消"。您也可以根据需要添加个人常用命令。

　　④功能区：工作时需要用到的命令位于此处。它集合了旧版软件中的"菜单栏"和"工具栏"的功能。

　　⑤"编辑"窗口：显示正在编辑的文档。

　　⑥视图切换按钮：可用于更改正在编辑的文档的显示模式以符合您的要求。

　　⑦滚动条：可用于更改正在编辑的文档的显示位置。

　　⑧缩放滑块：可用于更改正在编辑的文档的显示比例设置。

　　⑨状态栏：显示正在编辑的文档的相关信息。

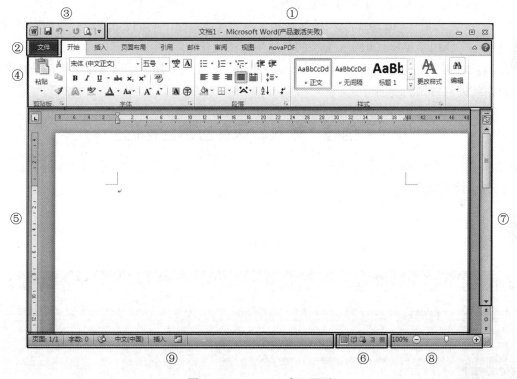

图 3-3　Word 2010 窗口界面

　　提示：什么是"功能区"？

　　"功能区"是一个水平区域，就像一条带子，启动 Word 后分布在 Office 软件的顶部。您工作所需的命令将分组在一起，且位于选项卡中，如"开始"和"插入"。您可以通过单击选项卡来切换显示的命令集。

3.1.3　Word 2010 的视图方式

　　可以在"视图"功能区中自由切换文档视图，也可以在 Word 2010 窗口的右下方单击视图切换按钮选择。并通过调整"显示比例"，对文档进行显示比例的设置，如图 3-4 所示。

图 3-4　Word 2010 视图方式

页面视图：可以显示 Word 2010 文档的打印结果外观，主要包括页眉、页脚、图形对象、分栏设置、页面边距等元素，是最接近打印结果的页面视图。

阅读版式视图：以图书的分栏样式显示 Word 2010 文档，"文件"按钮、功能区等窗口元素被隐藏起来。在阅读版式视图中，用户还可以单击"工具"按钮选择各种阅读工具。

Web 版式视图：查看 Web 页在 Web 浏览器中的效果，以网页的形式显示 Word 2010 文档，Web 版式视图适用于发送电子邮件和创建网页。

大纲视图：设置 Word 2010 文档的显示和标题的层级结构，并可以方便地折叠和展开各层级的文档。广泛用于 Word 2010 长文档的快速浏览和设置。

草稿：取消了页面边距、分栏、页眉页脚和图片等元素，仅显示标题和正文，是最节省计算机系统硬件资源的视图方式。

3.2　创建、输入、保存应聘自荐信

3.2.1　建立文档

1．新建空白文档

（1）单击"文件"→"新建"→"空白文档"，如图 3-5 所示。

图 3-5　"新建"窗口

（2）单击快速访问工具栏“新建”按钮。

2. 使用模板和向导创建文档

如果需要创建特定格式的文档，例如简历、报告或新闻稿等，则可以利用 Word 2010 丰富的模板和向导来完成。首先单击“文件”选项卡中的“新建”命令，在“新建”窗口中，根据要创建文档的类型，单击相应的选项卡，然后双击所需模板或向导的图标。

3.2.2　打开文档

单击“文件”→“打开”命令。

3.2.3　应聘自荐信的输入

1. 文本的输入

当进入 Word 时，若没有指定文档名，系统将自动打开一个名为“文档 1”的空白文档，垂直闪烁的光标点指示当前录入字符的位置。

操作要求：在新建的空白 Word 文档中，输入如图 3-6 所示范文。

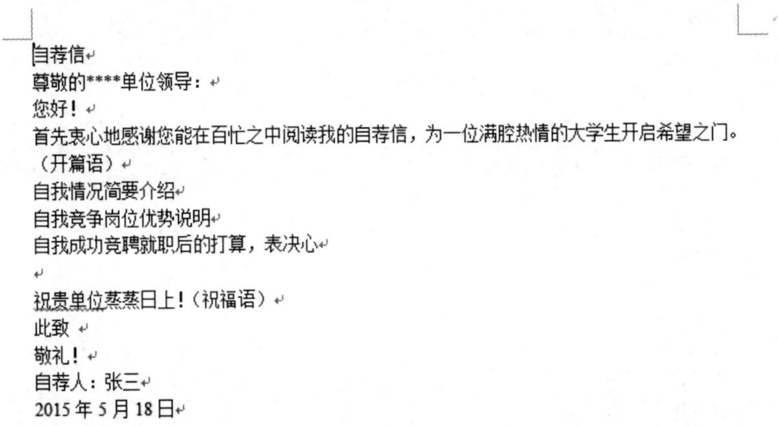
自荐信
尊敬的****单位领导：
您好！
首先衷心地感谢您能在百忙之中阅读我的自荐信，为一位满腔热情的大学生开启希望之门。
（开篇语）
自我情况简要介绍
自我竞争岗位优势说明
自我成功竞聘就职后的打算，表决心

祝贵单位蒸蒸日上！（祝福语）
此致
敬礼！
自荐人：张三
2015 年 5 月 18 日

图 3-6　范文

操作方法：

（1）输入法

按 Ctrl+Shift 组合键，可完成输入法之间的依次切换。

按 Ctrl+Space 组合键，可切换“中文/英文”输入模式。

按 Shift+Space 组合键，可切换“全角/半角”输入模式。

（2）插入特殊符号

定位光标，单击“插入”→“符号”→“符号”→“其他符号”命令，打开“符号”对话框，如图 3-7 所示。

（3）插入文件

定位光标，单击“插入”→“文本”→“对象”→“文件中的文字”命令，打开“插入文件”对话框，如图 3-8 所示。

图 3-7 "符号"对话框

图 3-8 "插入文件"对话框

（4）插入日期和时间

定位光标，单击"插入"→"文本"→"日期和时间"命令，打开"日期和时间"对话框，如图 3-9 所示。

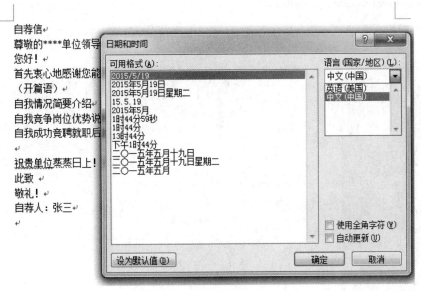

图 3-9　"日期和时间"对话框

2. 文本的添加

先把光标插入点移到指定位置，在插入点右边输入内容即可。

3. 文本的删除

若要删除文档中的内容，应先把光标插入点移到欲删除内容的左边或右边，然后可按 Backspace 键删除插入点左边的内容，或按 Delete 键删除插入点右边的内容。在后面学习了选定之后，就可以一次性删除连续的内容。方法是：先选定文本，再按 Backspace 键或 Delete 键即可。

4. 撤消和恢复

如果你刚不小心误删了一段有用的内容，及时单击快速访问工具栏中的"撤消"和"恢复"按钮，就可以恢复被删除的内容。选择旁边的下拉箭头，还可撤消多步误操作，如图 3-10 所示。

图 3-10　"撤消"和"恢复"按钮

3.2.4　应聘自荐信的保存

1. 保存新文档

单击"文件"→"保存"命令，显示如图 3-11 所示的对话框。按要求输入保存新文档的文件名"自荐信"，选择文件的保存类型"Word 文档（*.docx）"和保存位置等，然后单击"保存"按钮，即可将文件保存在指定的路径下。

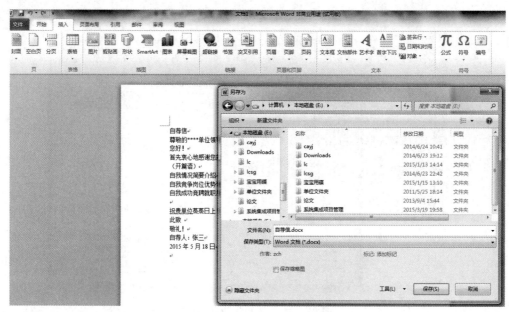

图 3-11 "另存为"对话框

2．保存已有的文档

单击"文件"→"另存为"命令。

3.2.5 关闭文档

单击文档窗口右端"关闭"按钮。

3.3 编辑和排版应聘自荐信

3.3.1 编辑应聘自荐信

1．文本的选定

（1）用鼠标选定文本。

（2）用键盘选定文本。按 Ctrl+A 组合键可全选。

2．文本的剪切

文本的剪切就是将文本中已选定的部分剪切下来，剪切下的内容被放到剪贴板中，以供我们将其移动或复制到新的位置时使用。执行剪切命令后，被选定的内容从屏幕上消失。也可以用这种方法删除文本。剪切文本的方法：选定要剪切的文本，单击"开始"→"剪贴板"→"剪切"命令，或者在选定文本上右击选择"剪切"命令。

3．文本的复制

复制是文档编辑中重要的操作之一。利用此功能，我们可对文档中相同的内容进行重复操作，从而避免了许多重复性的输入工作。值得注意的是，执行复制命令后，被选定的内容仍保留在原来位置。复制文本的方法：选定要复制的文本，单击"开始"→"剪贴板"→"复制"

命令，或者在选定文本上右击选择"复制"命令，或者选定要复制的文本，按下鼠标左键同时按住 Ctrl 键并拖动到所需位置，放开 Ctrl 键及鼠标左键即可。

4．文本的粘贴

粘贴文本就是将剪切或复制到剪贴板上的内容，移动或复制到新的位置。

（1）移动文本。使用"剪切+粘贴"操作。

（2）复制文本。使用"复制+粘贴"操作。

5．查找和替换

利用查找和替换功能可实现批量修改一个文档中的相同内容，而且替换时还可以设置新内容的格式。如将自荐信中的"自我"全部替换为"我的"，依次单击"开始"→"编辑"→"查找和替换"选项，显示如图 3-12 所示对话框。

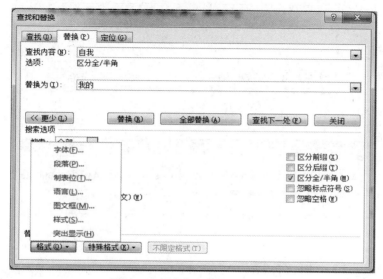

图 3-12　"查找和替换"对话框

3.3.2　排版应聘自荐信

1．设置字符格式

Word 默认的字体格式：汉字为宋体、五号，西文为 Times New Roman、五号。

对于字符格式的设置，在字符录入的前后都可以进行。录入前可以通过选择新的格式定义对将录入的文本进行格式设置；对已录入的文字进行格式设置时，要遵循"先选定，后操作"的原则。如图 3-13 所示"字体"对话框中包含了设置字符格式的所有功能，设置字体、字形、字号、颜色、下划线、着重号、文字效果、字符间距、字符缩放等。

注意：正确区分：全文、正文、标题、各自然段。

按如下操作要求，完成对已经录入的自荐信字符格式的设置，操作效果如图 3-14 所示。

（1）标题段文字（"自荐信"）：字体为楷体，字形为加粗，字号为小初，字符间距加宽2 磅。

（2）其余各段文字：字体为楷体，字形为加粗，字号为四号。

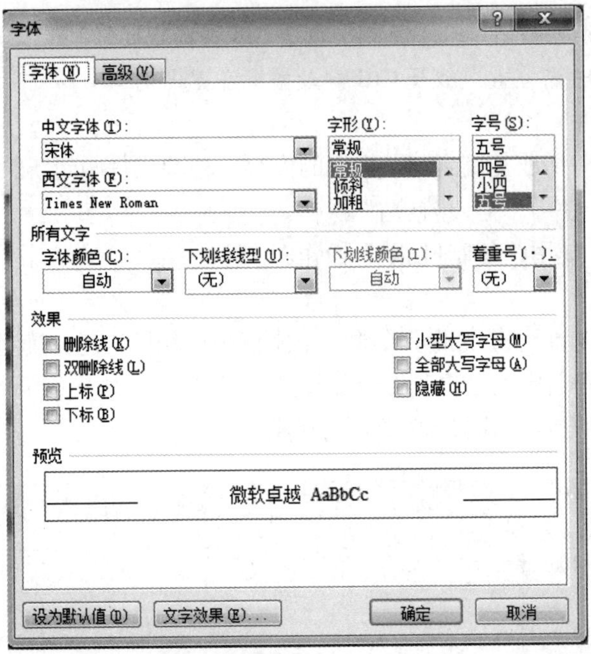

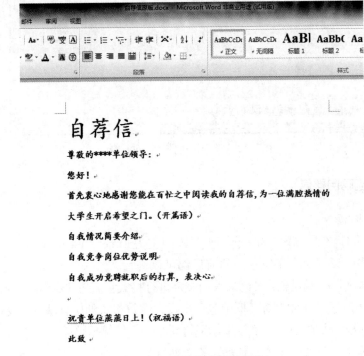

图 3-13　"字体"对话框

图 3-14　字符格式设置效果

2. 设置段落格式

如图 3-15 所示"段落"对话框中包含了设置段落格式的所有功能，如段落的左右缩进的设置、段落对齐方式的设置、段间距与行间距的设定等。

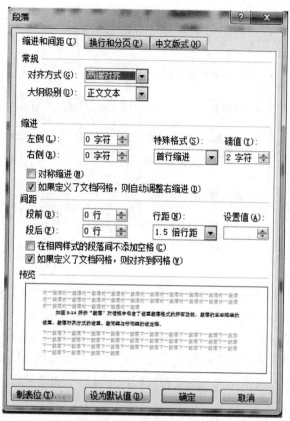

图 3-15　"段落"对话框

按如下操作要求，完成对已经录入的自荐信段落格式的设置，操作效果如图 3-1 所示。

（1）标题段（"自荐信"）：居中对齐，段前、段后间距均为 0.5 行。

（2）称呼段（"尊敬的****单位领导"）：左对齐，段后间距 0.5 行。

（3）正文各段、祝语（"您好……祝贵单位蒸蒸日上！（祝福语）"）：左对齐，首行缩进 2 字符，1.2 倍行距，段后间距 0.5 行，右缩进 1 字符。

（4）此致：左对齐，首行缩进 2 字符，段后间距 0.5 行。

（5）敬礼：左对齐，段后间距 0.5 行。

（6）落款：右对齐，段后间距 0.5 行。

3. 利用格式刷

用格式刷复制字符和段落格式非常简便，方法有单击格式刷（单次复制）和双击格式刷（多次复制）。

4. 设置首字下沉

有时候在Word排版中为了让文字更加美观个性化，可以使用 Word 中的"首字下沉"功能来让某段的首个文字放大或者更换字体，这样一来就给文档添加了几分美观！操作方法：在要设置"首字下沉"效果的段落中定位光标，依次单击"插入"→"文本"→"首字下沉"选项，显示如图 3-16 所示对话框。设置下沉两行，距正文 0.2 厘米，效果如图 3-16 显示。

图 3-16　"首字下沉"对话框

5. 设置边框和底纹

选定要设置边框和底纹的文本。依次单击"页面布局"→"页面背景"→"页面边框"选项，显示如图 3-17 所示对话框。其中"边框"选项卡是对所选文本或所选段落设置边框，"页面边框"选项卡是对文档页面设置边框，"底纹"选项卡是对所选文本或段落设置底纹。"页面背景"组中的"页面颜色"是对整个文档添加背景颜色或填充效果，"水印"是在页面内容后面插入虚影文字，通常用于表示要将文档特殊对待，如"机密"或"紧急"。

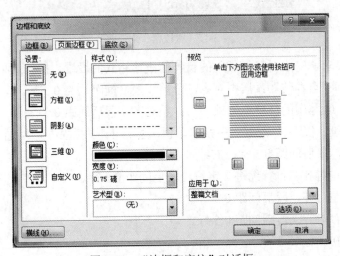

图 3-17　"边框和底纹"对话框

3.4　自荐信的页面设置和打印

3.4.1　页面设置

页面设置主要包括：纸张大小、页边距、页面方向及对齐方式等，改变其中某项设置将会影响到文档部分或所有页面，也将决定文档打印的效果。依次单击"页面布局"→"页面设置"组右下角的对话框启动器按钮，出现如图 3-18 所示"页面设置"对话框，其中包含了设置页面的所有功能。

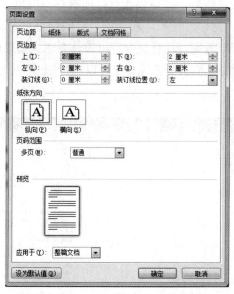

图 3-18 "页面设置"对话框

按如下操作要求，完成对已经录入的自荐信页面格式的设置，操作效果如图 3-1 所示。

（1）页边距：上下左右都是 2 厘米。

（2）纸张方向：纵向。

（3）纸张大小：16 开。

（4）页面垂直对齐方式：两端对齐。

（5）每行 40 个字符，每页 40 行。

3.4.2 设置分栏

选定要设置分栏的文本，依次单击"页面布局"→"页面设置"→"分栏"→"更多分栏"选项，出现如图 3-19 所示"分栏"对话框，设置分栏样式。

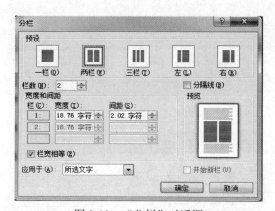

图 3-19 "分栏"对话框

3.4.3　打印设置

当求职自荐信编辑排版完成后，就可以通过打印机打印出来了。单击"文件"→"打印"命令，出现如图 3-20 所示"打印"窗口。右侧的"打印预览"是在正式打印之前，预先在屏幕上观察即将打印文件的打印效果，看看是否符合设计要求，如果满意，就可以打印了。可以设置打印份数及顺序、打印的文档页数范围，还可以进行纸张大小、纸张方向、自定义页边距等页面设置的操作。

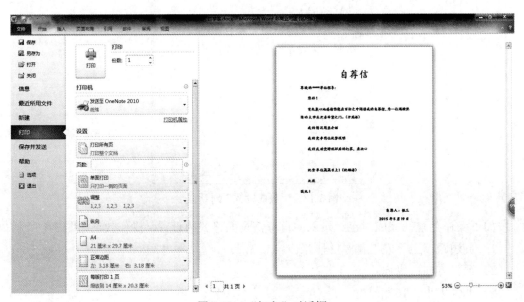

图 3-20　"打印"对话框

项目总结

通过本项目学习，使用字处理软件 Word 2010 完成了应聘自荐信的制作。我们需要了解自荐信应该包含的内容，掌握自荐信的输入、编辑和排版技巧，其中字体格式设置、段落格式设置、文档页面设置是本项目的重点。

项目 4 Word 2010 文字处理——准考证的制作

项目知识点

- 表格的创建、修改，表格的修饰，表格中数据的输入与编辑，数据的排序和计算。
- 在文档中插入和编辑艺术字、图形、图片、文本框。

项目场景

为规范学校计算机应用基础考试，先从准考证做起。计算机等级考试是全国权威性的考试，准考证的设计专业性非常强，本项目特模仿计算机等级考试的准考证进行"一级计算机基础及 MS Office 应用考试"准考证的制作。

项目分析

"一级计算机基础及 MS Office 应用考试"准考证包括的内容有准考证号、姓名、性别、身份证号、考试等级、上机考场号、上机地点、上机时间、照片、学生证号等，内容多，分类杂。

在日常生活中，我们经常采用表格的形式将一些数据分门别类、有条有理地表现出来，例如职工档案表、成绩表等。一张表是由行和列组成的若干方框，每个方框称为单元格。我们可以向其中填充文字和图形，各单元格内的正文会自动换行，因此可以很方便地添加或删除正文而不致把表格弄乱。Word 2010 为表格的处理工作提供了一种十分方便的手段，可以方便、迅速地建立表格并根据工作需要随时进行修改。

因此接下来使用 Word 2010 中的表格功能制作"一级计算机基础及 MS Office 应用考试"的准考证。

项目实施

完成本项目主要需要以下几个步骤：
- 创建艺术字标题
- 创建、编辑和排版表格
- 表格的排序和计算功能

实施效果图如图 4-1 所示。

全国计算机等级考试

准考证号	2730550011001306		
姓名	张三	性别	女
身份证号	5002421199002515816x		
考试等级	一级计算机基础及 MS Office 应用		
上机考场号	0002		
上机地点	创造楼 1 楼第二考试机房		
上机时间	2014-9-22 14:50 （90 分钟）		14152626892071

图 4-1　实施效果图

4.1　创建艺术字标题

在 Word 2010 中插入艺术字不仅能够美化效果，还能够突出主题、引人入胜。为了让我们的准考证标题文字更加突出，插入艺术字就是一个很好的选择。制作步骤如下：

（1）依次单击"插入"→"文本"→"艺术字"命令，出现"插入艺术字"选项框，选择样式为"渐变填充-蓝色，强调文字颜色 1"，并输入艺术字"全国计算机等级考试"，如图 4-2 所示。

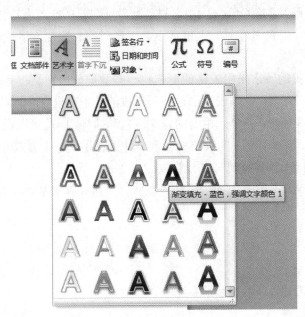

图 4-2　"插入艺术字"选项框

（2）单击选取艺术字→单击"开始"→"字体"→选择字体为"宋体"，字号为"小初"。

（3）单击选取艺术字→单击"绘图工具/格式"→"艺术字样式"→"文本效果"→"转换"→"正方形"，如图 4-3 所示。

图 4-3　修改艺术字文字效果

（4）用鼠标拖动使艺术字居中。

4.2　创建、编辑和排版表格

4.2.1　创建 7 行 5 列的表格

1.　使用工具栏创建表格

将光标定位在需要插入表格的位置上，依次单击"插入"→"表格"→"表格"，在打开的下拉列表中选择合适的行数和列数（7*5）后，单击鼠标左键即可，如图 4-4 所示。图 4-5 为插入表格效果图。

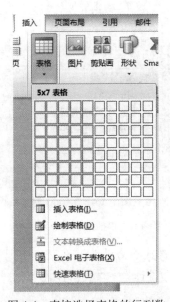

图 4-4　直接选择表格的行列数

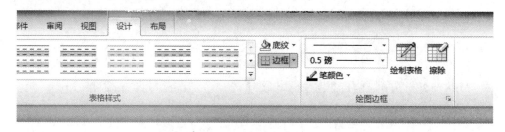

图 4-5　插入表格效果图

2. 使用菜单命令创建表格

将光标定位在需要插入表格的位置上，依次单击"插入"→"表格"→"插入表格"命令，弹出"插入表格"对话框，如图 4-6 所示。在"列数"和"行数"框中，选择或输入"7"和"5"，单击"确定"按钮。

图 4-6　"插入表格"对话框

表格插入后，可以为其添加样式，方法为：在文本中把光标置于表格中，出现"表格工具"选项卡，依次单击"表格工具/设计"→"表格样式"，在表格样式中单击所需的样式即可，如图 4-7 所示。

图 4-7　"表格样式"组

3. 绘制复杂表格

依次单击"插入"→"表格"→"绘制表格"命令。将光标移到编辑区中，光标将变成笔形，按住鼠标左键在编辑区拖动，以绘制表格的外框。外框绘制完成后，出现"表格工具"选项卡。利用笔形指针在外框内画横线、竖线或斜线等，即可绘制出复杂的表格。

4. 用现有的表格模板绘制表格

依次单击"插入"→"表格"→"快速表格"。在打开的模板列表中，单击所需的模板即可。

5. 将文字转换成表格

有时，在输入的文本与文本之间加入制表符、空格或逗号等作为分隔，可以直接将文字转换成表格。

选定要转换成表格的文本，依次单击"插入"→"表格"→"文本转换成表格"，出现如图 4-8 所示的对话框，在"文字分隔位置"框中选择一种分隔符，一般保留默认选择，单击"确定"按钮。

图 4-8　"将文字转换成表格"对话框

4.2.2　编辑和排版表格

对表格的编辑与对正文的编辑一样，也必须先选择操作的对象后再进行编辑操作。

如需对表格进行操作，则选中需要设置的表格，然后依次单击"表格工具/设计"或"布局"选项卡，对表格的插入行列、样式、边框、底纹、合并、高宽、对齐方式等属性进行设置，如图 4-9 所示。

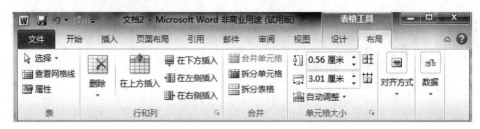

图 4-9　"布局"子选项卡

1. 调整行高、列宽或表格大小

操作要求：设置表格第 1、3、5 列，列宽为 3.2 厘米。第 2、4 列，列宽为 2.8 厘米。行高为 0.8 厘米。

操作方法：选取所需行或列，依次单击"表格工具/布局"→"单元格大小"→输入或选取高度和宽度，如图 4-10 所示。或选择右键快捷菜单中的"表格属性"，或者手动调整亦可。

图 4-10　调整行高和列宽

2. 合并单元格

操作要求：合并第 1 行第 2、3、4 列单元格，合并第 3 行第 2、3、4 列单元格，合并第 4 行第 2、3、4 列单元格，合并第 5 行第 2、3、4 列单元格，合并第 6 行第 2、3、4 列单元格，合并第 7 行第 2、3、4 列单元格，合并第 5 列第 1～6 行单元格。

操作方法：选取所需单元格，依次单击"表格工具/布局"→"合并"→"合并单元格"命令，如图 4-11 所示。或右击，选择"合并单元格"命令。

图 4-11　合并单元格

3.　输入表格内容

操作要求：输入表格内容，使表格内容中部居中，并设置表格居中。

操作方法：选择单元格或整张表格，依次单击"表格工具/布局"→"对齐方式"，设置单元格中的内容在该单元格中的对齐方式（有 9 种）为"水平居中"，如图 4-12 所示。

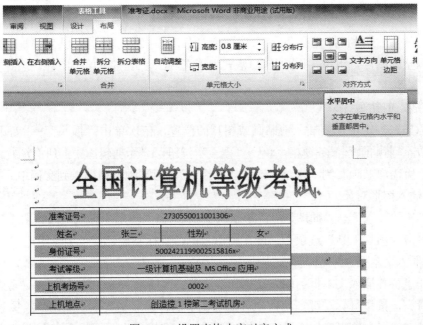

图 4-12　设置表格内容对齐方式

选择整张表格，依次单击"开始"→"段落"→"居中对齐"，设置表格居中。

4. 插入考生照片

（1）插入图片

操作要求：在第五列空白单元格中插入考生照片。

操作方法：将光标插入点定位于要插入剪贴画或图片的位置，依次单击"插入"→"插图"→"图片"，然后在"插入图片"对话框中，找到被插入图片的路径和文件名，最后单击"插入"按钮，如图4-13所示。

图4-13   "插入图片"对话框

插入图片后，可利用"图片工具"选项卡对图片的大小、位置和颜色等重新进行编辑。选定需要调整的图片，单击"图片工具/格式"子选项卡，或右键单击图片→选择"设置图片格式"。

（2）插入剪贴画

将光标插入点定位于要插入剪贴画或图片的位置，依次单击"插入"→"插图"→"剪贴画"，打开"剪贴画"任务窗格。单击"搜索"按钮，显示剪辑库中的所有图片，如图4-14所示。单击所需剪贴画右侧下拉菜单，选择"插入"，剪贴画就被插入到文档中。

（3）插入图形对象

依次单击"插入"→"插图"→"形状"，出现"插入图形"选项框，如图4-15所示。选取图形，单击"图片工具"选项卡，或在图形上单击鼠标右键，都可编辑图形。

（4）插入文本框

可在任意位置插入文本框后输入文本。依次单击"插入"→"文本框"→"绘制文本框"，出现十字箭头，按住鼠标左键拖动，便可出现文本框。选取文本框，单击"绘图工具/格式"选项卡或在文本框上单击鼠标右键→选择"设置文本框格式"可编辑文本框样式、大小等。

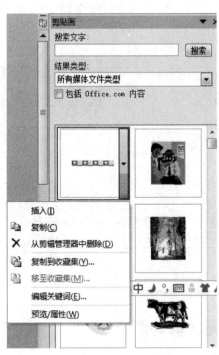

图 4-14　"剪贴画"任务窗格

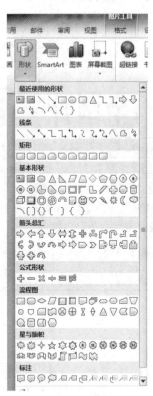

图 4-15　自选图形

（5）设置准考证表格的边框和底纹

操作要求：设置准考证表格的外框线为黑色 1.5 磅单实线，内框线为黑色 0.75 磅单实线，表格填充"白色，背景 1，深色 5%"底纹。

操作方法：选择单元格或整张表格右击，在弹出的快捷菜单中单击"边框和底纹"命令，按要求设置即可，如图 4-16、图 4-17 所示。

注意：设置边框时可直接在预览框中添加或删除某边框。

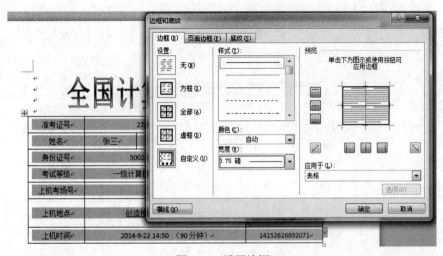

图 4-16　设置边框

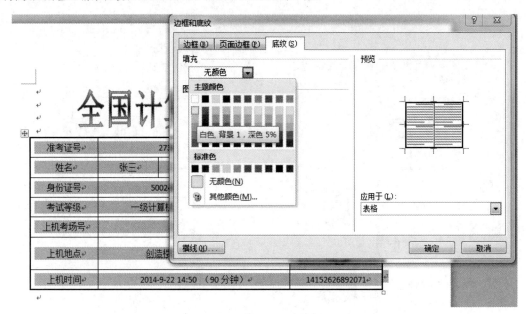

图 4-17 设置底纹

4.3 表格的排序和计算功能

当考试成绩出来后，班主任要进行本学期成绩的汇总、运算和排序，为下学期综合测评做好准备。在 Word 2010 中不仅可以创建和编辑表格，还可以对表格中的数据进行计算和排序等操作，使得一些统计工作更方便、快捷。

操作要求：计算学生成绩统计表中的总分、平均分、单科总分、单科平均分，并对"计算机"成绩进行降序排序。

操作方法：

1. 数据的计算

（1）将插入点移到存放结果的单元格。

（2）单击"表格工具/布局"→"数据"→"公式"命令，打开"公式"对话框，如图 4-18 所示。

图 4-18 "公式"对话框

（3）在"公式"文本框中输入"=sum(left)"或者"=average(left)"，选择数据格式后单击"确定"按钮。

注意：公式的构成：=函数名（参数），其中"参数"可以是 left、above、right 等或数据区域的表示。F4 功能键：复制公式。如得到"总分"列第一个计算结果后，移动光标到下面的单元格，按 F4 键可快速计算出每个人的总分。按列数据计算时同理复制公式即可。

运算结果如图 4-19 所示。

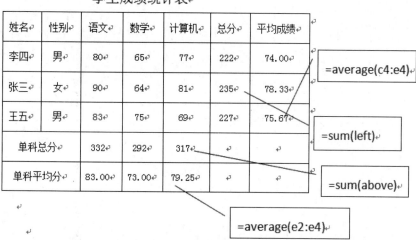

图 4-19　学生成绩统计表

2. 数据的排序

定位任意单元格，单击"表格工具/布局"→"数据"→"排序"命令，打开"排序"对话框，如图 4-20 所示。

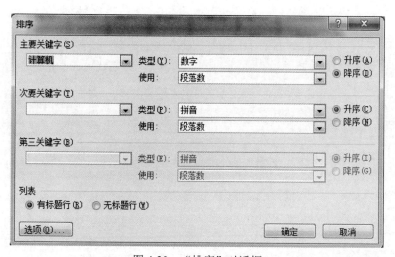

图 4-20　"排序"对话框

注意："排序"对话框中"列表"选项组的"有标题行"与"无标题行"两个单选按钮。

项目总结

通过本项目学习，使用字处理软件 Word 2010 完成了"一级计算机基础及 MS Office 应用考试"准考证的制作。我们需要掌握 Word 2010 中表格创建、编辑、排版的方法，能够对表格中数据进行排序和计算，学会在 Word 2010 中插入和编辑图形、图片、文本框、艺术字等。其中表格的创建、编辑、排版是重点，表格中数据的计算是难点。

项目 5　Word 2010 文字处理——毕业论文排版

项目知识点

- 插入项目符号和编号
- 新建、修改、应用样式
- 在文档中自动生成目录，插入分隔符、页眉、页脚、页码、脚注、尾注、批注
- 公式的使用和编辑

项目场景

又到一年做毕业论文时，你准备好了吗？说到毕业论文写作和排版，很多同学都会为之苦恼，查资料、翻译英文、画图纸、答辩样样想想都困难，即使写好了论文，排版要求也让人望而却步。其实，不管是论文写作还是排版都是有技巧的，有了这些技巧，你会发现，原来写毕业论文也是快乐的！本项目通过字处理软件 Word 2010 制作一份毕业论文模板，为同学们今后的毕业论文写作提供有力的技术支持。

项目分析

1. 毕业论文的各组成部分与排列顺序

毕业论文泛指专科毕业论文、本科毕业论文、硕士研究生毕业论文等，即同学们在学业完成前需要写作并提交的论文。

（1）封面

1）毕业论文题目应能概括论文的主要内容，切题、简洁，不超过 26 字，可分两行排列。

2）指导教师最多填两人。

3）日期：毕业论文完成时间。

（2）内容

内容包括：摘要、目录、正文（材料，方法，结果分析与讨论或论点、论据、结论等）。

1）摘要：论文摘要的字数一般为 300 个左右。内容包括研究工作目的、研究方法、所取得的结果和结论，应突出本论文的创造性成果或新见解，语言应精炼。摘要应当具有独立性，即不阅读论文的全文，就能获得论文所能提供的主要信息。

为便于文献检索，应在论文摘要后另起一行注明本文的关键词（3~5）个。

2）目录：应是论文的提纲，也是论文组成部分的小标题。目录一般列至二级标题，以阿拉伯数字分级标出。

3）正文：是毕业论文的主体。写作内容可因研究课题的性质而不同，一般包括：理论分析，计算方法，实验装置和测试方法，对实验结果或调研结果的分析与讨论，本研究方法与已有研究方法的比较等方面。内容应简练、重点突出，不要叙述专业方面的常识性知识。各章节

之间应密切联系，形成一个整体。

4）结论：结论应明确、简练、完整、准确，要认真阐述自己的研究工作在本领域中的地位、作用以及自己新见解的意义。

（3）参考文献

引用他人的成果必须标明出处。所有引用过的文献，应按引用的顺序编号排列。参考文献一律放在结论之后，不得放在各章之后。

（4）致谢

致谢对象仅限于对课题研究、毕业论文完成等方面有较重要帮助的人员。

2．毕业论文书写要求

（1）语言表述

论文应层次分明、数据可靠、文字简练、说明透彻、推理严谨、立论正确，避免使用文学性质的带感情色彩的非学术性词语。论文中如出现非通用性的新名词、新术语、新概念，应做相应解释。

（2）层次和标题

层次应清楚，标题应简明扼要、重点突出。具体格式如下：

第1章　　□□□□□（一级标题，居中，单列一行）

1.1　　□□□□□（二级标题，左对齐，单列一行）

1.1.1　　□□□□□（三级标题，左对齐，单列一行）

其他标题或需突出的重点，可用五号黑体（或加粗），单列一行，也可放在段首。

（3）页眉和页码

封面页不需要页眉和页脚；摘要页、目录页不需要页眉，页码采用罗马数字编排；正文添加页眉，页码采用阿拉伯数字编排。

（4）图、表、公式等

图形要精选，要具有自明性，切忌与表及文字表述重复。图形坐标比例不宜过大，同一图形中不同曲线的图标应采用不同的形状和不同颜色的连线。图中术语、符号、单位等应与正文中表述一致。图序、标题、图例说明居中置于图的下方。

表中参数应标明量和单位。表序、标题居中置于表的上方。表注置于表的下方。

图、表应与说明文字相配合，图形不能跨页显示，表格一般放在同一页内显示。

公式一般居中对齐，公式编号用小括号括起，右对齐，其间不加线条。

文中的图、表、公式、附注等一律用阿拉伯数字按章节（或连续）编号，如图1-1，表2-2，公式（3-10）等。

（5）参考文献

参考文献可顺序编码，也可按"著者-出版年"编码。建议根据《中国高校自然科学学报编排规范》的要求书写参考文献，并按顺序编码，即按文中引用的顺序编码。作者姓名写至第三位，余者写"，等"或"，et al."。

几种主要参考文献著录表的格式：

连续出版物：序号　作者. 文题. 刊名，年，卷号（期号）：起～止页码

专（译）著：序号　作者. 书名（，译者）. 出版地：出版者，出版年，起～止页码

论文集：序号　作者. 文题. 见(in)：编者，编(eds). 文集名. 出版地：出版者，出版年，起～止页码

论文：序号　作者. 文题：[XX 学位论文]. 授予单位所在地：授予单位，授予年

专利：序号　申请者. 专利名. 国名，专利文献种类，专利号，出版日期

技术标准：序号　发布单位. 技术标准代号. 技术标准名称. 出版地：出版者，出版日期

举例如下：

[1]　徐书崧，李勤，李玉华. 过热汽温温度控制系统的工程设计方法. 中国电机工程学报，1992，1

[2]　胡寿松. 自动控制原理（第四版）. 科学出版社，2000.6

[3]　Yang Fuwen. A H∞state feedback control for delay systems. Control & Decision, 1997, 12(1): 68-72

[4]　雎刚，陈来九. 模糊预测控制及其在过热汽温控制中的应用. 中国电机工程学报，1996，1

[5]　姜锡洲. 一种温热外敷药制备方法. 中国专利，881056073，1980-07-26

[6]　中华人民共和国国家技术监督局. GB3100－3102. 中华人民共和国国家标准——量与单位. 北京：中国标准出版社，1994-11-01

（6）量和单位

应严格执行《中华人民共和国法定计量单位使用方法》（GB3100－3102）（参阅《常用量和单位》，计量出版社，1996）。单位名称的书写，可采用国际通用符号，也可用中文名称，但全文应统一，不要两种混用。

3. 毕业论文排版要求

（1）封面格式为：A4 纸；上、下、左、右边距各为：2.5cm，具体格式如图 5-1 所示。

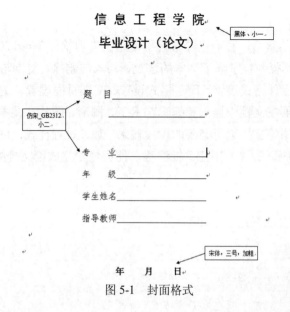

图 5-1　封面格式

（2）论文摘要格式，如图 5-2 所示。

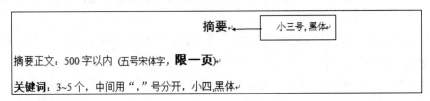

图 5-2　摘要格式

（3）论文开本及版心

论文开本大小：A4 纸。

版心要求：左边距：3cm；右边距：2.5cm；上边距：3cm；下边距：2.5cm。

（4）论文标题：论文分三级标题

一级标题：黑体，小二号，加粗，段前间距 12 磅，段后间距 3 磅，居中对齐。

二级标题：黑体，小三号，段前、段后间距为 1 行。

三级标题：黑体，四号，段前、段后间距为 1 行。

（5）正文字体：正文采用五号宋体，行间距为 18 磅；图、表标题采用小五号黑体；表格中文字、图例说明采用小五号宋体；表注采用六号宋体。

（6）页眉、页脚文字均采用小五号宋体，页眉统一为"信息工程学院毕业论文"并居中对齐，页码排在页脚居中位置。

（7）文中表格均采用标准表格形式。

（8）文中所列图形应有所选择，照片不得直接粘贴，须经扫描后以图片形式插入。

（9）文中英文、罗马字符一般采用 Times New Roman 字体，按规定应采用斜体的采用斜体。

4. 毕业论文的制作

通过前面两个项目的学习，我们已经掌握了使用字处理软件 Word 2010 进行文档的创建、打开、输入、保存等基本操作；掌握了文本的选定、插入与删除、复制与移动、查找与替换等基本编辑技术；掌握了字体格式设置、段落格式设置、文档页面设置、文档背景设置和文档分栏等基本排版技术；能够在文档中插入和编辑艺术字、图形、图片、文本框、表格，并进行表格运算。本项目主要介绍论文排版所必备的相关技术，如：设置样式，自动生成目录，插入分隔符、页眉、页脚、页码、脚注、尾注、批注等，便可轻松完成论文排版。

项目实施

完成本项目主要需要以下几个步骤：

● 设置样式

● 设定多级列表

● 插入分节符

- 设置页眉和页脚
- 自动生成目录
- 轻松绘制图表
- 插入项目符号和编号
- 公式的使用和编辑
- 插入脚注、尾注、批注

实施效果图如图 5-3 所示。

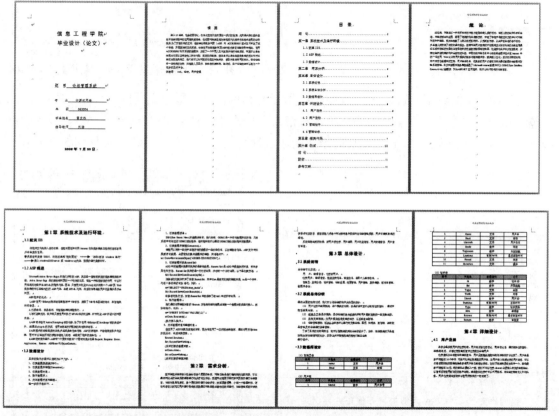

图 5-3　"毕业论文"前 8 页效果图

5.1　设置样式

　　论文中不同的文字往往要求指定不同的字体及段落结构，如正文采用五号宋体，行间距为 18 磅；论文题目采用黑体，小二号，加粗，段前间距 12 磅，段后间距 3 磅，居中对齐；此外论文还需要一级标题、二级标题等格式均有所不同。设置好样式之后，在写作过程中，你就能很方便地设置字体、段落等格式，而不用每次重复繁琐的格式设置工作。

　　操作要求：以"论文题目"为例创建新样式。

操作方法：

（1）单击"开始"→"样式"，在"样式"下拉菜单（图 5-4）中选择"将所选内容保存为新快速样式"，在打开的如图 5-5 所示的对话框中将名称设置为"论文题目"。

图 5-4　"样式"下拉菜单　　　　　图 5-5　"根据格式设置创建新样式"对话框

（2）单击"修改"按钮，弹出如图 5-6 所示对话框，可设置论文题目的字体格式：小二、黑体、加粗，对齐方式：居中对齐，单击"格式"按钮在下拉菜单中选择"段落"，设置大纲级别为 1 级，段前间距 12 磅，段后间距 3 磅，首行缩进无，单倍行距，具体如图 5-7 所示。

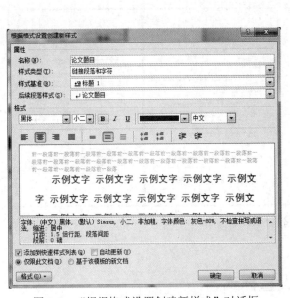

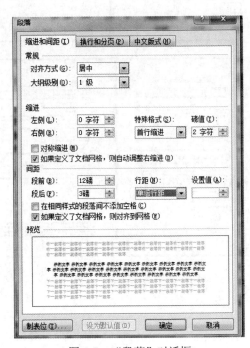

图 5-6　"根据格式设置创建新样式"对话框　　　图 5-7　"段落"对话框

（3）采用以上方法建立好题目样式后，选择文字，单击快速样式栏中的"论文题目"样式，即可完成文字格式的修改。同理根据需要可依次建立"正文样式""一级标题样式""二级标题样式""摘要样式"等，分别对论文中文字应用指定样式即可快速实现文字和段落格式的修改。

5.2　设定多级列表

在完成样式设定后，论文中可通过设定多级列表快速实现章节编号，如"第 1 章""第 2 章""1.1""1.1.1"等，操作方法如下：

首先单击"开始"→"段落"→"多级列表"按钮，选择图 5-8 中的"定义新的多级列表"命令，弹出图 5-9 所示对话框，单击"更多"按钮，打开如图 5-10 所示对话框，选择级别为 1 级，在"输入编号的格式"中输入格式标准如"第 1 章"，在"将级别链接到样式"中选择"标题 1"，在"位置"栏中选择"居中"对齐，"编号之后"选择"空格"。同理按照以上方式设计"二级标题"为二级列表，"三级标题"为三级列表，标号格式按照需要设定，效果如下所示：

第 1 章　一级标题

1.1　二级标题

1.1.1　三级标题

图 5-8　"多级列表"下拉框

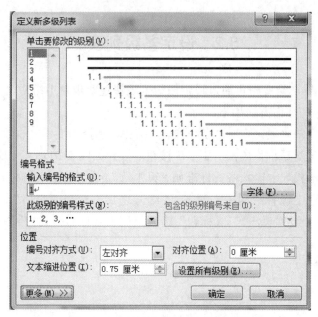

图 5-9　"定义新多级列表"对话框

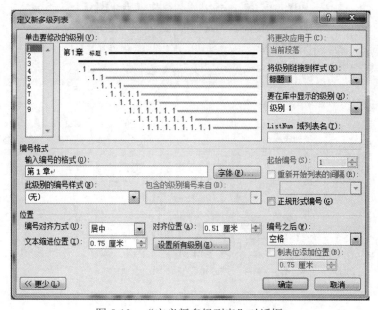

图 5-10　"定义新多级列表"对话框

5.3　插入分节符

在对文档排版时，经常需要对同一文档中的不同部分设置不同的版面。在默认情况下，Word 将整篇文档看作"一节"。若对某个部分重新设置版面，整篇文档都会随之改变；要想对不同部分设置不同的版式，必须使用分节符。

　　例如，要编辑处理的毕业论文由四部分构成，分别是毕业论文的封面、摘要、目录和正文。其中封面页不需要页眉和页脚；摘要页、目录页不需要页眉，页码采用罗马数字编排；正文需要添加页眉，页码采用阿拉伯数字编排。所以，应该把文档分为三节，第一节为毕业论文的封面，第二节为毕业论文的摘要和目录，第三节为毕业论文的正文。只有这样，才能单独设置毕业论文的某一部分格式。下面以分隔前两节为例，介绍插入分节符的方法。

　　操作方法：将光标定位到封面页底部，单击"页面布局"选项卡，在"页面设置"组中单击 分隔符，在下拉菜单中选择"分节符"中的"下一页"命令，如图 5-11 所示。表示从下一页开始新的一节，至此分节符将论文分成了两节。

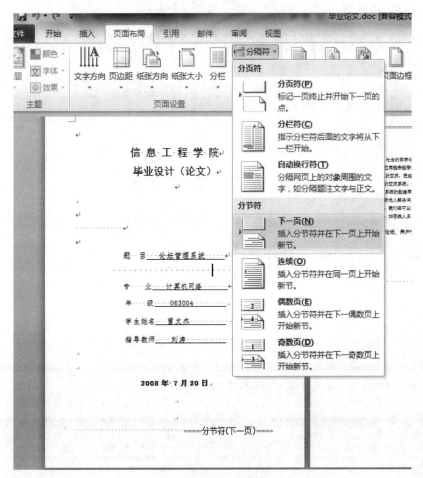

图 5-11　插入分节符

5.4　设置页眉和页脚

5.4.1　页眉和页脚

　　页眉和页脚，通常显示文档的附加信息，常用来插入时间、日期、页码、单位名称等。

其中，页眉在页面的顶部，页脚在页面的底部。通常页眉也可以用来添加文档注释等内容，页眉和页脚也可以用作提示信息，特别是其中插入的页码，通过这种方式能够快速定位所要查找的页面。

操作要求：为正文添加页眉，页眉文字采用小五号、宋体，页眉统一为"信息工程学院毕业论文"并居中对齐。

操作方法：将光标定位在"绪论"页文档中，单击"插入"→"页眉和页脚"→"页眉"按钮，如图 5-12 所示。选择"空白"，在页眉中输入"信息工程学院毕业论文"，并设置字体为宋体，字号为小五号。操作效果如图 5-13 所示。页眉插入后，若想修改，可在页眉位置双击，进入页眉编辑状态。设置页脚的方法与设置页眉相同。

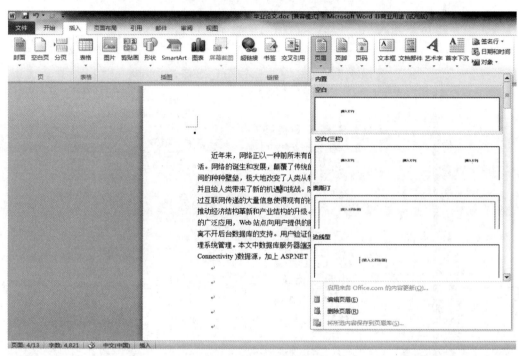

图 5-12　插入页眉

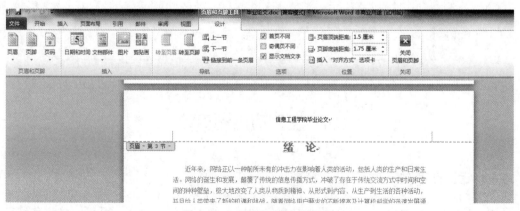

图 5-13　"设置页眉"效果图

5.4.2　插入页码

在分节符设置完成后,可在同一文档中设置不同样式的页码,如摘要、目录页码用 I,II,III…罗马字母表示,正文页码用 1,2,3…表示。下面以插入正文页码为例,介绍插入页码的方法。

操作方法:

(1)插入页码。将光标定位在"绪论"页文档中,单击"插入"→"页眉和页脚"→"页码"→"页面底端"→"普通数字 2",如图 5-14 所示。

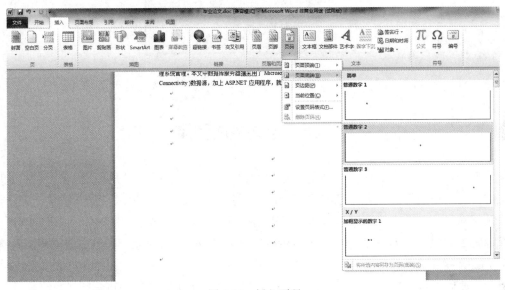

图 5-14　插入页码

(2)默认情况下页码是续接到前节的,如图 5-15 所示。想要在该处插入新的页码可在此状态下在"页眉和页脚工具/设计"选项卡"导航"组中取消"链接到前一条页眉",如图 5-16 所示。

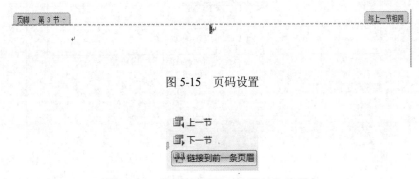

图 5-15　页码设置

图 5-16　"页眉和页脚工具/设计"选项卡

(3)设置页码格式:在"页眉和页脚工具/设计"选项卡中,选择"页眉和页码"→"页码"→"设置页码格式"命令,打开"页码格式"对话框,"编号格式"选择"1,2,3…","页码编号"选择"起始页码"为"1",单击"确定"按钮,如图 5-17 所示。完成页码的插入。

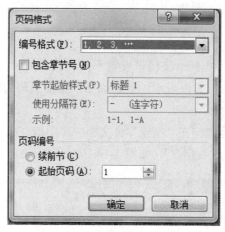

图 5-17　"页码格式"对话框

5.5　自动生成目录

论文的标题、目录和摘要往往是老师评判论文的最主要标准。下面我们来介绍目录的自动生成。在"引用"选项卡中选择"目录"组中的"目录"→"插入目录"选项，弹出如图 5-18 所示对话框。单击"选项"按钮选择需要在目录中显示的样式和级别，如图 5-19 所示，选择标题 1、标题 2、标题 3 分别作为目录中一级、二级、三级目录。还可根据需要加入摘要、参考文献等到目录中。单击两次"确定"按钮，自动生成目录效果如图 5-20 所示。如果内容有更改，要修改目录，可在目录上单击鼠标右键，选择"更新域"即可。

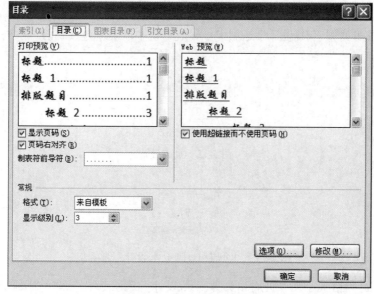

图 5-18　"目录"对话框

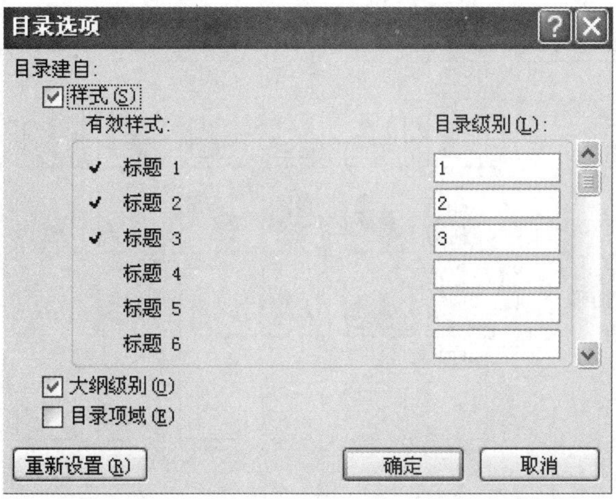

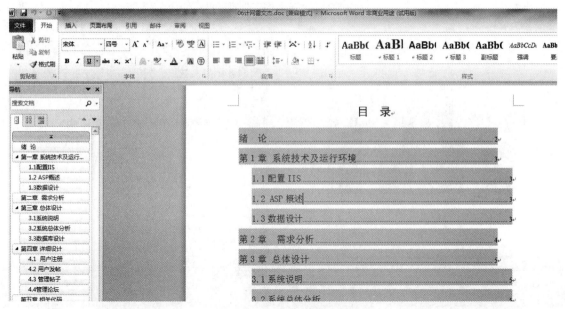

图 5-19　"目录选项"对话框

图 5-20　自动生成目录效果

5.6　轻松绘制图表

毕业论文中为了更加详尽地表现文字，经常要配以图表来进行说明。

操作方法：在要插入图表的位置定位光标，单击"插入"→"插图"→"图表"，打开"插入图表"对话框，如图 5-21 所示，选择图表类型，单击"确定"按钮。即在光标处插入图表，同时打开 Excel 窗口界面，如图 5-22 所示，修改 Excel 中数据，编辑图表即可。

图 5-21　"插入图表"对话框

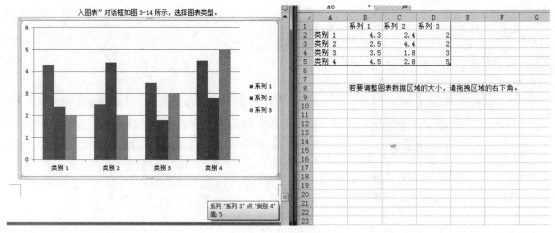

图 5-22　编辑图表

5.7　插入项目符号和编号

为标记论文段落，方便读者快速找到相应的位置，从而提高阅读效率，可以在论文中插入项目符号和编号。

操作方法：

（1）直接插入法。在需要插入项目符号的位置定位光标，右击，选择"项目符号"（或"编号"）命令，如图 5-23 所示。根据需要选择项目符号（编号），如果在项目符号库（编号库）中没有找到合适的项目符号（编号），还可以单击"定义新项目符号"命令在"定义新项目符号"对话框中进行增加，如图 5-24 所示。

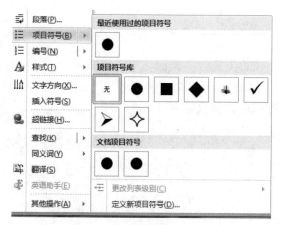

图 5-23　插入"项目符号"

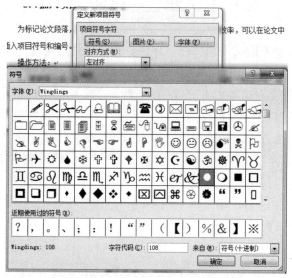

图 5-24　"定义新项目符号"对话框

（2）自动生成法。插入一个项目符号（编号）后，编写本段的内容，在本段内容的最后面，直接回车（按 Enter 键）即可自动在下一段内容前添加项目符号（编号），如图 5-25 所示。

图 5-25　自动生成项目符号

5.8　公式的使用和编辑

如果论文中还需要插入公式，可采用 Word 2010 内置的公式编辑器来完成操作。

操作要求：输入公式 $\dfrac{-b \pm \sqrt{b^2 - 4ac}}{2a}$ 。

操作方法：在插入公式的位置定位光标，单击"插入"→"符号"→"公式"→"插入新公式"，出现输入框 在此处键入公式。 ，在"公式工具/设计"选项卡的"符号"组中选择公式符号，便可完成公式插入，如图5-26所示。

图5-26　"公式工具/设计"选项卡

5.9　插入脚注、尾注、批注

很多时候我们还需要为论文添加脚注、尾注、批注等使得论文更加详细，或是更加充实。脚注是标明资料来源、为文章补充注解的一种方法，一般位于文档的页脚位置，其操作命令在"引用"选项卡下。尾注是对文本的补充说明，一般位于文档的末尾，用于列出引文的出处等，其操作命令在"引用"选项卡下。批注是常用的读书方法，阅读的时候把读书感想、疑难问题，随手批写在书中的空白地方，以帮助理解，深入思考，其操作命令在"审阅"选项卡下。

操作要求：在封面学生姓名位置处写上自己的名字，并给学生名字添加脚注"学习能力强、学习认真态度端正"。

操作方法：选取学生姓名，单击"引用"→"脚注"→"插入脚注"，在页脚"1"后写入"学习能力强、学习认真态度端正"，当鼠标滑动到学生姓名后的"1"处时，即显示脚注内容。效果如图5-27所示。

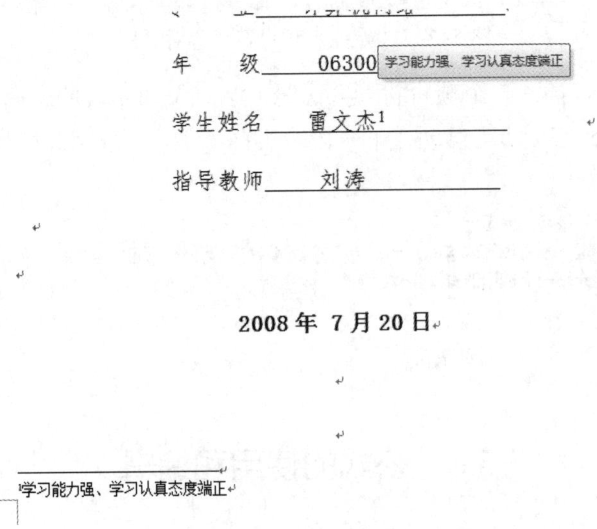

年　　级＿＿＿06300 学习能力强、学习认真态度端正

学生姓名＿＿＿雷文杰[1]＿＿＿

指导教师＿＿＿刘涛＿＿＿＿

2008年 7月 20日

＿＿＿＿＿＿＿＿
学习能力强、学习认真态度端正

图5-27　插入脚注

项目总结

通过本项目学习，使用字处理软件 Word 2010 完成了毕业论文的编辑和排版。我们需要了解毕业论文应该包含的内容；掌握论文中设置样式，自动生成目录，插入分隔符、页眉、页脚、页码、脚注、尾注、批注，插入公式和编辑公式的操作方法。其中设置样式，自动生成目录，插入页眉和页脚是重点，亦是难点，需要反复练习。

项目6   PowerPoint 2010 演示文稿——制作家庭画册幻灯片

项目知识点

- 中文 PowerPoint 的功能、运行环境、启动和退出
- 演示文稿的创建、打开、关闭和保存
- 演示文稿视图的使用，幻灯片基本操作（版式、插入、移动、复制和删除）
- 幻灯片基本制作（文本、图片、艺术字、形状、表格等插入及其格式化）

项目场景

通过一段时间的学习，同学们已对 Word 2010 运用自如。陈思思同学想做一个家庭画册。通过网络，他了解到 PowerPoint 2010 是一个很好的演示软件，可从视觉、听觉等多个方面获取信息。利用 PowerPoint，不仅可以制作出图文并茂的演示文稿，还可以为演示文稿设置各种播放动作，选择人工播放或自动播放。但是，该从哪里入手，学习 PowerPoint 2010 呢？本项目将针对家庭画册的制作，一步步地建立演示文稿。通过本项目的学习，用户可以掌握 PowerPoint 2010 演示文稿的技巧。

项目分析

PowerPoint 2010 是专门用来制作演示文稿的软件，深受广大用户欢迎。要想成功利用 PowerPoint 制作完美的演示文稿，应了解 PowerPoint 2010 的基本操作。多数人认为，演示文稿注重视觉效果，当然这很重要，可是演示文稿最核心的还是正文文本。演示文稿的目标是沟通、交流，而用户之间最主要的沟通工具是语言文字。利用 PowerPoint，能够很容易地输入、编辑文本，制作出特殊的效果。本项目将介绍 PowerPoint 2010 基础知识，快速处理演示文稿的文本，以及编辑幻灯片的方法，并且在幻灯片中插入自选图形、图片、表格以及图表等。

项目实施

完成这个任务主要需要以下几个步骤：

- 家庭画册幻灯片的基础操作
- 家庭画册幻灯片中文字的编辑
- 家庭画册幻灯片中图片的编辑
- 家庭画册幻灯片中音/视频处理
- 家庭画册幻灯片中艺术字与自选图形编辑
- 家庭画册幻灯片中表格的设置

实施效果图如图 6-1 所示。

图 6-1　陈思思家庭画册演示文稿

6.1　家庭画册幻灯片的基础操作

6.1.1　启动与退出 PowerPoint 2010

1. 启动 PowerPoint 2010

单击"开始"按钮→"所有程序"→Microsoft Office→Microsoft PowerPoint 2010，如图 6-2 所示。图 6-3 为演示文稿工作界面。

图 6-2　启动 PowerPoint 2010

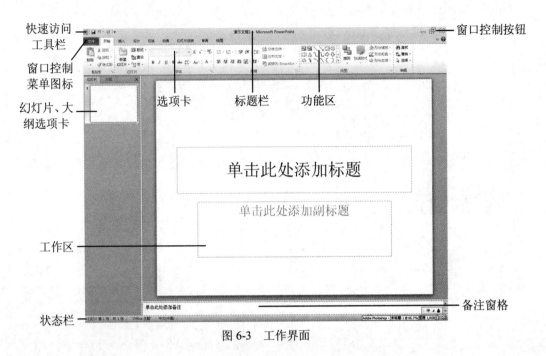

图 6-3　工作界面

2. 退出 PowerPoint 2010

方法一：单击"文件→退出"，如图 6-4 所示。

图 6-4　退出 PowerPoint 2010 方法一

方法二：单击应用程序右上角的关闭按钮，如图 6-5 所示。

图 6-5　退出 PowerPoint 2010 方法二

6.1.2 新建/打开演示文稿

1. 新建空白演示文稿

单击"文件→新建→空白演示文稿→创建",如图 6-6 所示。

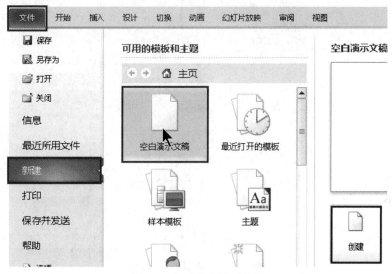

图 6-6 新建空白演示文稿

2. 打开现有的演示文稿

单击"文件→打开",如图 6-7 所示

图 6-7 打开现有的演示文稿

6.1.3 选择幻灯片

选择单张幻灯片:单击相应幻灯片即可选中。

选择连续多张幻灯片:选中第一张幻灯片,按住键盘上的 Shift 键,单击最后一张幻灯片。

选择非连续多张幻灯片:按住键盘上的 Ctrl 键依次选择各张幻灯片。

6.1.4 新建与删除幻灯片

1. 新建幻灯片

方法一:单击"开始"选项卡→"幻灯片"组→"新建幻灯片",如图 6-8 所示。

图 6-8　新建幻灯片方法一

方法二：选中幻灯片→右击→"新建幻灯片"，如图 6-9 所示。

图 6-9　新建幻灯片方法二

方法三：直接按键盘上的回车键（Enter 键）。

2．删除幻灯片

方法一：选中幻灯片→右击→"删除幻灯片"，如图 6-10 所示。

图 6-10　删除幻灯片

方法二：选中幻灯片→按键盘上的 Backspace（退格键）或 Delete（删除键）。

6.1.5　复制幻灯片

1. 本文档内复制幻灯片

选中幻灯片→右击→"复制幻灯片"，如图 6-11 所示。

图 6-11　复制幻灯片

2. 不同文档间复制幻灯片

在某一文档选中幻灯片，右击→"复制"，在另一文档合适的位置，右击→"粘贴选项→使用目标主题"，如图 6-12 所示。

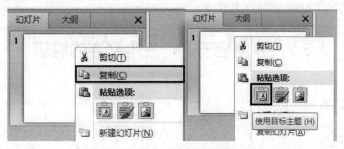

图 6-12　不同文档间复制幻灯片

6.1.6   移动幻灯片

方法一：按住鼠标左键直接拖动幻灯片进行移动。

方法二：选中幻灯片，右击→"剪切"，在合适的位置，右击→"粘贴选项→使用目标主题"。

6.1.7   演示文稿保存/另存为

单击"文件→保存/另存为"。

保存和另存为的区别：

在初次编辑文件时，保存和另存为没有什么区别，都是保存。编辑再次打开的文件时，保存会覆盖当前的文件，而另存为会重新生成一个文件，对原来那个文件没影响。

6.1.8   启动与退出幻灯片放映

1. 启动幻灯片放映

方法一：单击"幻灯片放映"选项卡→"开始放映幻灯片"组→"从头开始/从当前幻灯片开始"，如图 6-13 所示。

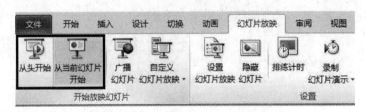

图 6-13   启动幻灯片放映方法一

方法二：单击状态栏快捷按钮中的"幻灯片放映"（单击此按钮实现的是从当前幻灯片开始放映），如图 6-14 所示。

图 6-14   启动幻灯片放映方法二

2. 退出幻灯片放映

按键盘左上角的 Esc 键即可退出放映。

6.2   家庭画册幻灯片中文字的编辑

6.2.1   输入文字

1. 利用占位符输入文本

通过占位符输入文本，如图 6-15 所示。

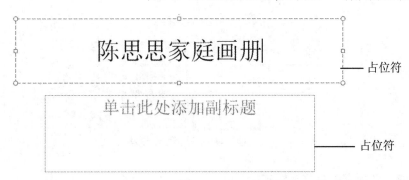

图 6-15　输入文字

2. 利用文本框输入文本

单击"插入"选项卡→"文本"组→"文本框",如图 6-16 所示。

图 6-16　利用文本框输入文本

6.2.2　调整文本框大小及设置文本框格式

1. 调整文本框大小

方法一:当光标变为双向箭头时,按住鼠标左键直接拖动文本框控制点即可对大小进行粗略设置。

方法二:选中文本框→单击"绘图工具/格式"选项卡→"大小"组→输入高度/宽度(精确设置数值),如图 6-17 所示。

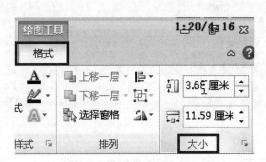

图 6-17　调整文本框大小

2. 设置文本框格式

选中文本框→单击"绘图工具/格式"选项卡→"形状样式"组→设置"形状填充/形状轮廓/形状效果",如图 6-18 所示。

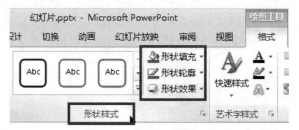

图 6-18　设置文本框格式

6.2.3　选择文本及文本格式化

1．选择文本

方法一：利用鼠标左键拖动选择文本。

方法二：选中文本框就可以选择该文本框内的文本。

2．文本格式化

选中文本→单击"开始"选项卡→"字体"组对话框启动器按钮，如图 6-19 所示。

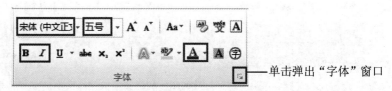

　　　　　　　　　　　　　　　　　　　　　　　　　　　——单击弹出"字体"窗口

图 6-19　文本格式化

在"字体"对话框中可以对文本进行更加详细的设置，如图 6-20 所示。

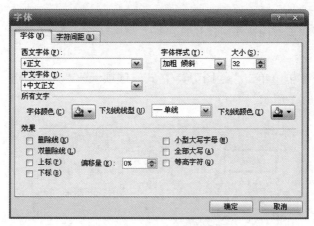

图 6-20　"字体"对话框

6.2.4　复制和移动文本

1．本文档内复制文本

选中文本→单击"开始"选项卡→"剪贴板"组→"复制"按钮→选择合适位置→"粘贴"按钮→"粘贴选项→只保留文本"，如图 6-21 所示。

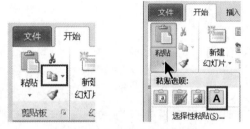

图 6-21　本文档内复制文本

2. 本文档内移动文本

选中文本→单击"开始"选项卡→"剪贴板"组→"剪切"按钮→选择合适位置→"粘贴"按钮→"粘贴选项→只保留文本"。

3. 不同文档间复制文本

选中文本，右击→"复制"，在合适的位置，右击→"粘贴选项（只保留文本）"。

4. 不同文档间移动文本

选中文本，右击→"剪切"，在合适的位置，右击→"粘贴选项（只保留文本）"。

6.2.5　删除与撤消删除文本

1. 删除文本

方法一：选中文本→按键盘上的 Delete 键（删除键）或者 Backspace 键（退格键）。

方法二：定位光标，按键盘上的 Delete 键（删除键）即可删除光标之后的文本，按 Backspace 键（退格键）即可删除光标之前的文本。

2. 撤消删除文本

单击快速访问工具栏上的"撤消"按钮即可撤消删除。

6.2.6　设置段落格式

选中文本→单击"开始"选项卡→"段落"组，如图 6-22 所示。

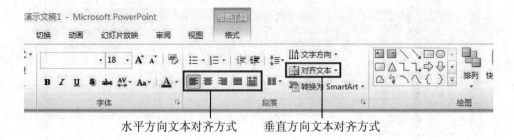

图 6-22　设置段落格式

6.2.7　添加项目符号和编号

选中文本→单击"开始"选项卡→"段落"组→"项目符号/编号"，如图 6-23 所示，效果图如图 6-24 所示。

图 6-23　添加项目符号和编号

> 童年的我
> 我美好的家
> 我的爸爸妈妈
> 现在的我

图 6-24　添加项目符号和编号效果图

6.3　家庭画册幻灯片中图片的编辑

6.3.1　插入图片

方法一：单击"插入"选项卡→"图像"组→"图片"，如图 6-25 所示。

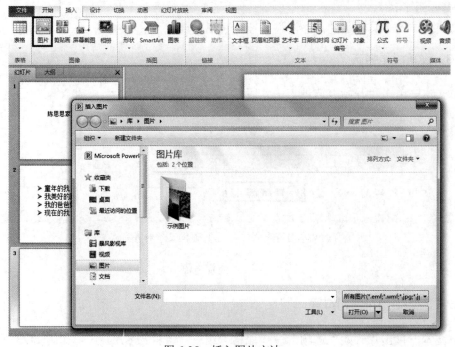

图 6-25　插入图片方法一

方法二：利用"复制/粘贴"命令插入图片

选中图片→右击→"复制"→在合适位置右击→"粘贴选项→图片"，如图 6-26 所示。

图 6-26　插入图片方法二

6.3.2　调整图片的大小、位置及旋转

1. 调整图片大小

方法一：当光标变为双向箭头形状时，按住鼠标左键拖动图片控制点即可对大小进行粗略设置。

方法二：选中图片→单击"图片工具/格式"选项卡→"大小"组→设置"高度/宽度"（精确设置其数值），如图 6-27 所示。

图 6-27　调整图片大小

2. 调整图片位置

选中图片，当光标变为双向十字箭头形状时，按住鼠标左键直接拖动即可移动图片位置。

3. 旋转图片

效果如图 6-28 所示。

旋转此控制点即可
对图片进行旋转

图 6-28　旋转图片

6.3.3　设置图片的叠放次序

选中图片→单击"图片工具/格式"选项卡→"排列"组→"上移一层（置于顶层）/下移一层（置于底层）"，如图 6-29 所示。

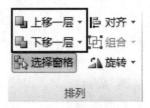

图 6-29　设置图片的叠放次序

单击"选择窗格"按钮，在右侧的"选择和可见性"面板中，我们可以对幻灯片对象的可见性和叠放次序进行调整，如图 6-30 所示。

图 6-30　设置图片的叠放次序与可见性

6.3.4　图片的裁剪

选中图片→单击"图片工具/格式"选项卡→"大小"组→"裁剪"。

1. 按纵横比裁剪图片

如图 6-31 所示。

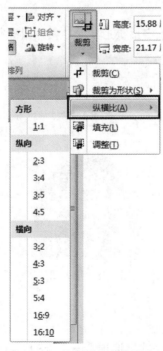

图 6-31　按纵横比裁剪图片

2. 自由裁剪图片

如图 6-32 所示。

图 6-32　自由裁剪图片

3. 将图片裁剪为不同的形状

如图 6-33 所示。

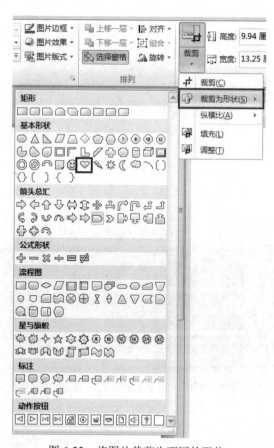

图 6-33　将图片裁剪为不同的形状

家庭画册中图片裁剪效果如图 6-34 所示。

图 6-34　将图片裁剪为不同形状的效果图

6.3.5　亮度和对比度调整

选中图片→单击"图片工具/格式"选项卡→"调整"组→"更正→亮度和对比度"，如图 6-35 所示。

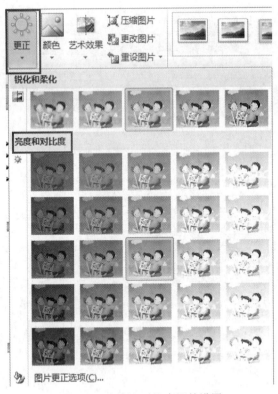

图 6-35　亮度和对比度调整设置

6.3.6　设置幻灯片背景

方法一：单击"设计"选项卡→"背景"组→"背景样式→设置背景格式"→"填充"选项卡→"纯色填充/渐变填充/图片或纹理填充/图案填充"，如图 6-36 所示。

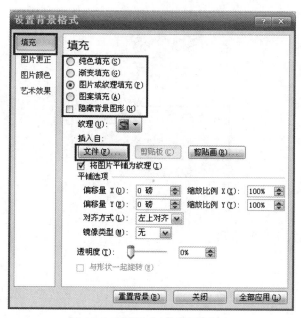

图 6-36　设置幻灯片背景方法一

方法二：单击"插入"选项卡→"图像"组→"图片"→调整图片大小→选中图片→单击"图片工具/格式"选项卡→"排列"组→"下移一层→置于底层"，如图 6-37 所示。

图 6-37　设置幻灯片背景效果图

6.4　家庭画册幻灯片中音/视频处理

6.4.1　插入音频

单击"插入"选项卡→"媒体"组→"音频→文件中的音频/剪贴画音频"，如图 6-38 所示。

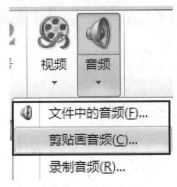

图 6-38　插入音频

6.4.2　声音图标大小、位置调整

1．调整声音图标大小

选中图标→单击"音频工具/格式"选项卡→"大小"组→"高度/宽度"（可以精确设置数值），如图 6-39 所示。

图 6-39　调整声音图标大小

2．调整声音图标位置

选中图标，待光标变为十字双向箭头时，按住鼠标左键直接拖动即可调整位置。

6.4.3　设置音频文件

1．调整声音图标颜色

选中声音图标→单击"音频工具/格式"选项卡→"调整"组→"颜色"，如图 6-40 所示。

图 6-40　调整声音图标颜色

2．设置音频文件

选中声音图标→单击"音频工具/播放"选项卡→"音频选项"组→"开始"（自动/单击时/跨幻灯片播放），如图 6-41 所示。

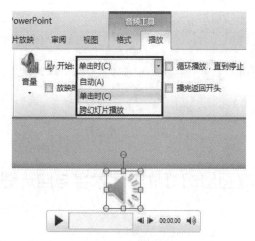

图 6-41　设置音频文件

6.4.4　插入视频

PowerPoint 2010 支持的视频格式有：swf（Flash 动画）、avi、mpg、wmv 等。
其他格式的视频需要先转化格式才能插入到幻灯片中，如格式工厂。
单击"插入"选项卡→"媒体"组→"视频→文件中的视频"，如图 6-42 所示。

图 6-42　插入视频

6.4.5　调整视频大小、样式并调试

1. 调整视频大小

方法一：当光标变为双向箭头形状时，按住鼠标左键直接拖动控制点即可粗略调整大小。

方法二：选中视频→单击"视频工具/格式"选项卡→"大小"组→"高度/宽度"（可以
精确设置数值），如图 6-43 所示。

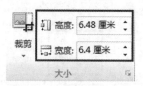

图 6-43　调整视频大小

2. 设置视频样式

选中视频→单击"视频工具/格式"选项卡→"视频样式"组→快翻按钮，如图 6-44 所示。

图 6-44　设置视频样式

6.5　家庭画册幻灯片中艺术字与自选图形编辑

6.5.1　插入艺术字

单击"插入"选项卡→"文本"组→"艺术字"，如图 6-45 所示。

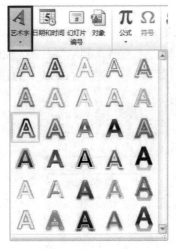

图 6-45　插入艺术字

6.5.2　设置艺术字格式

选中艺术字→单击"绘图工具/格式"选项卡→"艺术字样式"组→"快速样式/文本填充/文本轮廓/文本效果"，如图 6-46 所示。

图 6-46　设置艺术字格式

在家庭画册中插入艺术字并设置效果如图 6-47 所示。

图 6-47　设置艺术字格式效果图

6.5.3　绘制自选图形

单击"插入"选项卡→"插图"组→"形状",如图 6-48 所示。

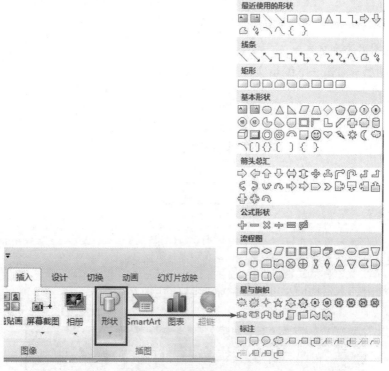

图 6-48　绘制自选图形

1.　调整自选图形大小

方法一:选中自选图形,当光标变为双向箭头形状时,按住鼠标左键拖动控制点即可粗略调整其大小。

方法二:选中自选图形→单击"绘图工具/格式"选项卡→"大小"组→"形状高度/形状宽度"(精确设置数值大小)。

2．调整自选图形位置

选中自选图形，待光标变为十字双向箭头时，按住鼠标左键直接拖动即可调整位置。

6.5.4 设置自选图形样式/为自选图形添加文本

1．设置自选图形样式

选中自选图形→单击"绘图工具/格式"选项卡→"形状样式"组→快翻按钮→"形状填充/形状轮廓/形状效果"，如图 6-49 所示。

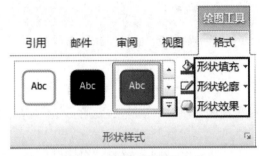

图 6-49 调整自选图形大小

2．为自选图形添加文本

选中自选图形→右击→"编辑文字"，如图 6-50 所示。

图 6-50 为自选图形添加文本

在家庭画册中插入自选图形并设置效果如图 6-51 所示。

图 6-51 为自选图形添加文本效果图

6.5.5 调整自选图形叠放次序

选中自选图形→单击"绘图工具/格式"选项卡→"排列"组→"上移一层（置于顶层）/

下移一层（置于底层）"，如图 6-52 所示。

图 6-52　调整自选图形叠放次序

6.6　家庭画册幻灯片中表格的设置

6.6.1　创建表格

1. 插入表格

单击"插入"选项卡→"表格"组→"插入表格"，如图 6-53 所示。

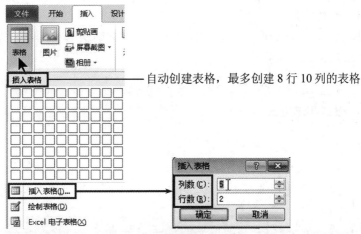

自动创建表格，最多创建 8 行 10 列的表格

图 6-53　插入表格

2. 绘制表格

单击"插入"选项卡→"表格"组→"绘制表格"，打开"表格工具/设计"选项卡→"绘图边框"组→"绘制表格/擦除"，如图 6-54 所示。

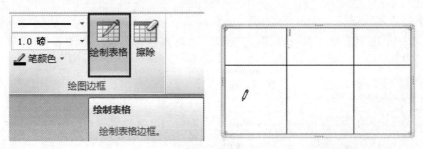

图 6-54　绘制表格

6.6.2　设置行高和列宽

方法一：将鼠标放在行或列的分割线上，当光标变为双向箭头时即可粗略地调整行高或列宽。

方法二：选中行或列→单击"表格工具/布局"选项卡→"单元格大小"组→"高度/宽度"（精确设置数值），如图 6-55 所示。

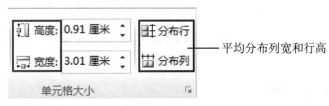

图 6-55　设置行高和列宽

6.6.3　调整表格位置/在单元格中输入文本

1. 调整表格位置

将光标定位在表格边框上，当光标变为十字双向箭头形状时即可移动表格的位置。

2. 在单元格中输入文本

光标定位在某一单元格内即可进行文本输入。

6.6.4　设置字体格式

1. 设置表格内字体的格式

选中表格（将光标定位在表格边框上，当光标变为十字双向箭头形状时单击边框即可选中表格）→"开始"选项卡→"字体"组→设置字号/字体/颜色/加粗/倾斜，如图 6-56 所示。

图 6-56　设置表格内字体的格式

2. 文字对齐方式

选中文本→单击"表格工具/布局"选项卡→"对齐方式"组，如图 6-57 所示。

图 6-57　文字对齐方式

3. 设置文本方向

选中文本→单击"表格工具/布局"选项卡→"对齐方式"组→"文字方向"，如图 6-58 所示。

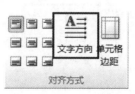

图 6-58　设置文本方向

6.6.5　表格样式

将光标定位在表格内→单击"表格工具/设计"选项卡→"表格样式"组→快翻按钮→"底纹/边框"，如图 6-59 所示。

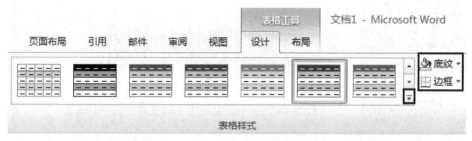

图 6-59　表格样式

6.6.6　插入或删除行/列

1. 插入行

将光标定位到相应单元格→单击"表格工具/布局"选项卡→"行和列"组→"在上方插入/在下方插入"。

2. 插入列

将光标定位到相应单元格→单击"表格工具/布局"选项卡→"行和列"组→"在左侧插入/在右侧插入"，如图 6-60 所示。

图 6-60　插入行/列

3. 删除行/列

将光标定位到相应单元格→单击"表格工具/布局"选项卡→"行和列"组→"删除→删除行/列"，如图 6-61 所示。

图 6-61　删除行/列

家庭画册中插入表格及设置效果如图 6-62 所示。

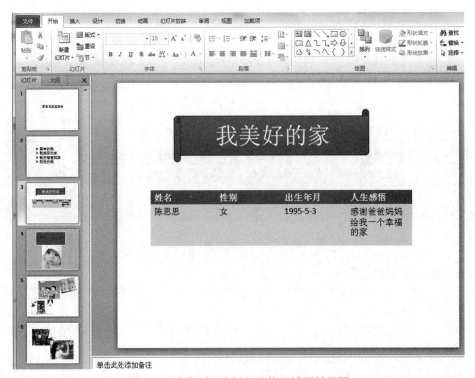

图 6-62　家庭画册中插入表格及设置效果图

项目总结

本项目初步介绍了演示文稿的基本操作，包括演示文稿的创建、保存；快速处理演示文稿文本；插入、复制、删除幻灯片和设置幻灯片格式，在演示文稿中插入与编辑表格、图片、图表、自选图形的步骤，并且简单介绍了背景图的设计方法。

项目 7　PowerPoint 2010 演示文稿——制作集体答辩多媒体演示文稿

项目知识点

- 演示文稿主题选用与幻灯片背景设置
- 演示文稿放映设计（动画设计、放映方式、切换效果）
- 演示文稿的打包和打印

项目场景

经过老师的指点，再加上自己努力尝试，高强同学终于使用样式完成了对毕业论文的快速排版，并为论文自动生成了目录。论文完成后，高强感觉自己使用 Word 的能力大大提高。接下来就要进行毕业答辩了，要想获得好成绩，该怎么做呢？他想到了演示文稿。因为在演示文稿中可以使用文字、图片、图表、组织结构图、声音等，还可以加入动画，能使答辩更加生动，达到引人入胜的效果。高强运用办公应用知识制作了论文答辩演示文稿，还需要统一演示文稿的外观并加入动画，他该如何操作呢？

项目分析

本项目主要包括设置幻灯片的动画和切换效果等，是前面项目的延伸，使读者能在独立制作简单的演示文稿，自如地运用 PowerPoint 2010 插入图片、艺术字、文本框、表格、组织结构图等功能的基础上，进一步学习设置幻灯片动画和切换效果的方法，使演示文稿图文并茂、生动有趣。

项目实施

本项目通过以下几个任务来完成：

- 集体答辩演示文稿主题选用与母版的使用
- 集体答辩演示文稿中动画的设计
- 集体答辩演示文稿的切换方式设计
- 演示文稿放映方式设计
- 演示文稿的打包和打印

实施效果图如图 7-1 所示。

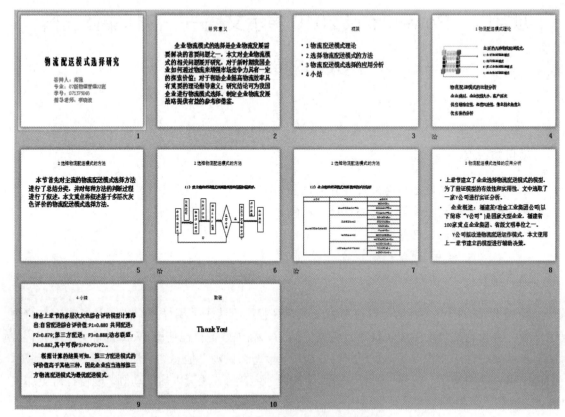

图 7-1　论文答辩演示文稿原始效果图

7.1　集体答辩演示文稿的主题选用与母版的使用

7.1.1　演示文稿主题选用

主题模板侧重于外观风格设计。PowerPoint 2010 提供了"暗香扑面""奥斯汀""跋涉"等三十多种风格样式，对幻灯片的背景样式、颜色、文字效果等进行了各种搭配设置。本任务将介绍主题的使用方法。

（1）打开制作好的"论文答辩演示文稿.pptx"。

（2）单击"设计"选项卡→"主题"组→"波形"主题，效果如图 7-2 所示。

（3）如果希望只对选择的幻灯片设置主题，右击"主题"组中的主题，然后选择"应用于选定幻灯片"命令，如图 7-3 所示。

图 7-2　应用了"波形"主题的幻灯片

图 7-3　"设置背景格式"对话框

7.1.2　演示文稿母版的使用

PowerPoint 2010 由于采用了模板，因此可以使同一演示文稿的所有幻灯片具有一致的外观。控制幻灯片外观的方法有三种：母版、配色方案和应用设计模板。

1．使用母版

母版用于设置演示文稿中每张幻灯片的最初格式，这些格式包括每张幻灯片标题及正文文字的位置、字体、字号、颜色，项目符号的样式、背景图案等。

根据幻灯片文字的性质，PowerPoint 2010 母版可以分成幻灯片母版、讲义母版和备注母版三类。其中最常用的是幻灯片母版，因为幻灯片母版控制的是除标题幻灯片以外的所有幻灯片的格式。

单击"视图"选项卡，选择"母版视图"组中的"幻灯片母版"命令。它有五个占位符，用来确定幻灯片母版的版式。

（1）更改文本格式

修改母版中某一对象格式，可以同时修改除标题幻灯片外的所有幻灯片对应对象的格式。在幻灯片母版中选择对应的占位符，如标题或文本样式等，更改其文本及其格式。

（2）设置页眉、页脚和幻灯片编号

在幻灯片母版状态选择"插入"选项卡"文本"组的"页眉和页脚"命令，调出"页眉和页脚"对话框，选择"幻灯片"选项卡，如图 7-4 所示，设置页眉、页脚和幻灯片编号。

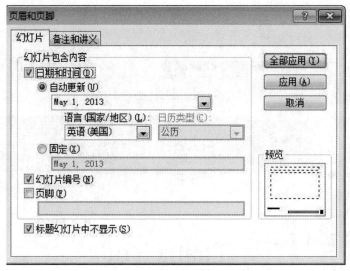

图 7-4　"页眉和页脚"对话框

（3）向母版插入对象

当需要向每张幻灯片都添加同一对象时，只需向母版中添加该对象即可。例如，插入 Windows 图标（文件名为 WINDOWS.BMP）后，则除标题幻灯片外每张幻灯片都会自动在固定位置显示该图标，如图 7-5 所示。通过幻灯片母版插入的对象，不能在幻灯片状态下编辑。

2．重新配色

利用"设计"选项卡"主题"组中的"颜色""字体""效果"命令可以对幻灯片的文本、背景、强调文字等各个部分进行重新配色。可以单击"颜色"→"新建主题颜色"命令对幻灯片的各个细节定义自己喜欢的颜色，还可以在"设计"→"背景"组里设置不同的幻灯片背景效果。

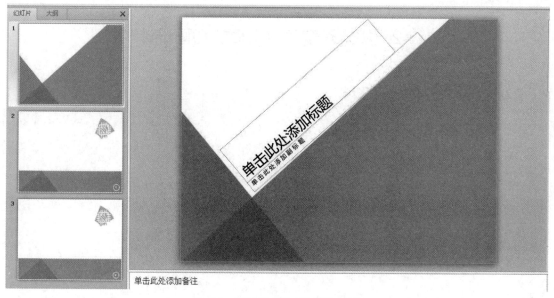

图 7-5   利用幻灯片母版添加图片

本任务将介绍母版的使用方法。

（1）在"幻灯片母版"视图下选中"标题幻灯片"，并在右下角添加图片"博士帽"，效果如图 7-6 所示。

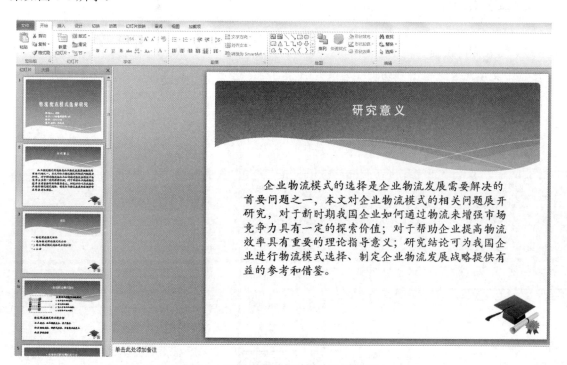

图 7-6   母版在演示文稿中的应用效果图

（2）单击"关闭母版视图"按钮。

7.2　集体答辩演示文稿的动画设计

7.2.1　文本进入效果——飞入

1. 飞入效果设置

选中文本对象→单击"动画"选项卡→"动画"组→快翻按钮→"进入→飞入"效果，如图 7-7 所示。

图 7-7　"飞入"效果设置

2. 飞入方向设置

选中文本对象→单击"动画"选项卡→"动画"组→"效果选项"，如图 7-8 所示。

图 7-8　"飞入"方向设置

3．动画持续时间

选中文本对象→单击"动画"选项卡→"计时"组→"持续时间"，如图 7-9 所示。

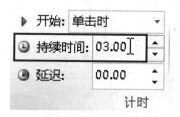

图 7-9　动画持续时间设置

7.2.2　设置文本发送方式

1．文本整批发送设置

选中文本对象→单击"动画"选项卡→"动画"组→快翻按钮→"进入→飞入"效果。

选中文本对象→单击"动画"选项卡→"高级动画"组→"动画窗格"→"效果选项"→"效果"选项卡→方向（自右侧）/动画文本（整批发送）。

2．文本按字母发送设置

选中文本对象→单击"动画"选项卡→"动画"组→快翻按钮→"进入→飞入"效果。

选中文本对象→单击"动画"选项卡→"高级动画"组→"动画窗格"→"效果选项"→"效果"选项卡→方向（自右侧）/动画文本（按字母）/字母之间延迟百分比（50）→"计时"选项卡→期间（快速 1 秒），如图 7-10 所示。

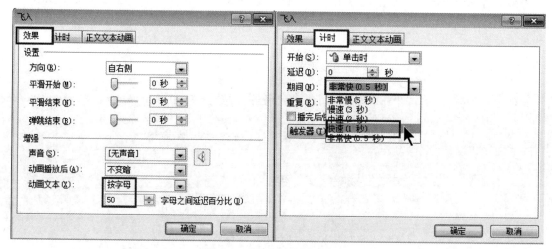

图 7-10　设置文本发送方式

7.2.3　文本对象的其他进入效果

选中文本对象→单击"动画"选项卡→"动画"组→快翻按钮→"更多进入效果"，如图 7-11 所示。

图 7-11　文本对象的其他进入效果

7.2.4　图片等其他对象的进入效果设置

1. 设置图片等其他对象的进入效果

选中对象→单击"动画"选项卡→"动画"组→快翻按钮→"更多进入效果"，如图 7-12
所示。

图 7-12　设置图片等其他对象的进入效果

2. 设置入场动画的声音

选中对象→单击"动画"选项卡→"高级动画"组→"动画窗格"→"效果选项"→"效
果"选项卡→"声音"，如图 7-13 所示。

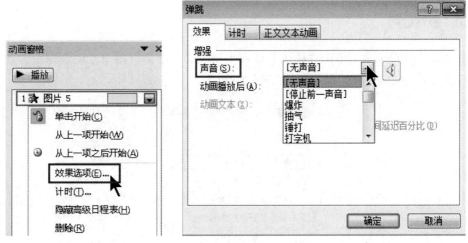

图 7-13　设置入场动画的声音

7.2.5　控制动画的开始方式

1. 设置动画的开始方式

首先为各个对象设置好入场动画→选中对象→单击"动画"选项卡→"计时"组→"开始→单击时/与上一动画同时/上一动画之后",如图 7-14 所示。

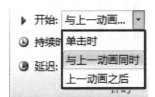

图 7-14　设置动画的开始方式

单击时:单击鼠标后开始动画。

与上一动画同时:与上一个动画同时呈现。

上一动画之后:上一个动画出现后自动呈现。

2. 对动画重新排序

首先为各个对象设置好入场动画→选中对象→单击"动画"选项卡→"计时"组→"对动画重新排序→向前移动/向后移动",如图 7-15 所示。

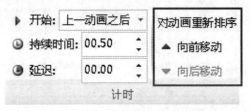

图 7-15　对动画重新排序

7.2.6 删除动画

选中设置动画的对象→单击"动画"选项卡→"高级动画"组→"动画窗格"→单击所选对象右侧的下三角按钮→"删除"，如图 7-16 所示。

图 7-16 删除动画

本任务将介绍集体答辩演示文稿的动画的设计方法。

（1）选定第 1 张幻灯片的标题文字"物流配送模式选择研究"→单击"动画"组中的"浮入"效果，使标题文字从下边浮入进来。

（2）在第 4 张幻灯片"动画场景设计"中，选定图片，然后单击"动画"选项卡→"高级动画"组→"添加效果"按钮，从弹出的下拉菜单中选择"进入"→"旋转"命令，为图片添加动画效果，如图 7-17 所示。

图 7-17 设置图片的"旋转"动画效果

（3）同理，运用同样的方法为第 4 张幻灯片的其他文本设置不同的效果。设置动画效果后，在每张图片的左上角旁会出现一个数字，表示是这张幻灯片的第几个动画，如图 7-18 所示。

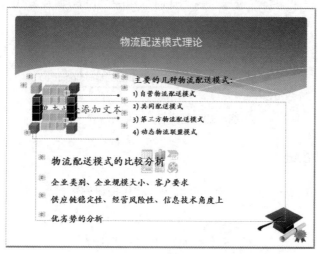

图 7-18　动画效果

7.3　集体答辩演示文稿的切换效果设计

7.3.1　切换方式

选中幻灯片→单击"切换"选项卡→"切换到此幻灯片"组→快翻按钮，如图 7-19 所示。

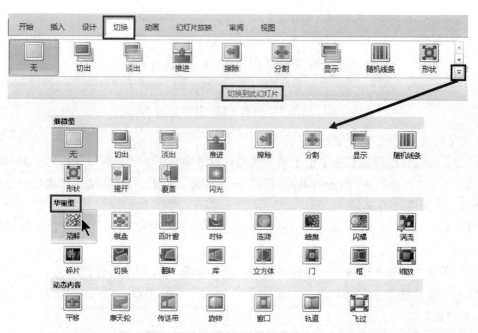

图 7-19　切换方式的设计

7.3.2   切换音效及换片方式

选中幻灯片→单击"切换"选项卡→"计时"组→"声音/换片方式"，如图 7-20 所示。

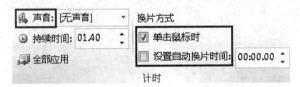

图 7-20   切换音效及换片方式

7.3.3   添加翻页按钮

单击"插入"选项卡→"插图"组→"形状→动作按钮→上一页/下一页"，如图 7-21 所示。

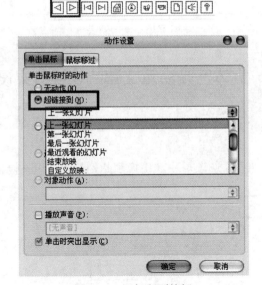

图 7-21   添加翻页按钮

本任务将介绍切换效果的设计方法。

（1）在幻灯片的浏览窗格中选定第 1 张幻灯片的缩略图，使当前幻灯片处于编辑状态。

（2）单击"切换"→"切换到此幻灯片"→"其他"按钮，在弹出的下拉菜单中选择"擦除"命令，如图 7-22 所示。

（3）单击"切换"选项卡→"切换到此幻灯片"组→"效果选项"按钮，在弹出的下拉菜单中选择"从右上部"命令，如图 7-10 所示。

（4）单击"切换"选项卡→"计时"组，进行如图 7-23 所示的设置。

（5）单击"切换"选项卡→"计时"组→"全部应用"按钮，设置所有幻灯片之间的切换效果为"擦除"。

（6）完成后保存演示文稿，然后按 F5 键，从第 1 张幻灯片开始播放。

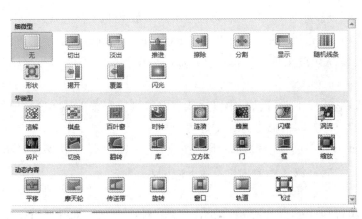

图 7-22 选择幻灯片切换效果

图 7-23 "计时"组

7.4 设置放映方式

制作好演示文稿后，下一步就是要放映给观众看。放映是设计效果的展示，在幻灯片放映前可以根据使用者的不同要求，通过设置放映方式满足各自的需要。

1. 设置放映方式

选择"幻灯片放映"选项卡→"设置"组→"设置幻灯片放映"命令，调出"设置放映方式"对话框，如图 7-24 所示。

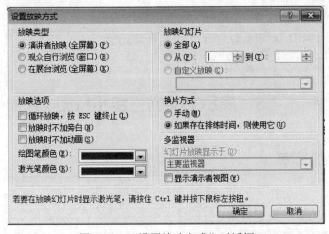

图 7-24 "设置放映方式"对话框

（1）放映方式

在对话框的"放映类型"选项组中，三个单选按钮决定了放映的三种方式：

演讲者放映。以全屏幕形式显示。演讲者可以通过 PageDn、PageUp 键显示上一张或下一张幻灯片，也可以右击幻灯片从快捷菜单中选择幻灯片放映或用绘图笔进行勾画，就好像拿笔在纸上写画一样直观。

观众自行浏览。以窗口形式显示。可以利用鼠标或右键"浏览"菜单显示所需的幻灯片；还可以通过"文件"选项卡→"打印"命令打印幻灯片。

在展台浏览。以全屏幕形式在展台上做演示用。在放映过程中，除了保留鼠标指针用于选择屏幕对象外，其余功能全部失效（连中止也要按 Esc 键）。

（2）放映范围

"放映幻灯片"选项组提供了幻灯片放映的范围，有三种：全部、部分、自定义放映。其中"自定义放映"是通过"幻灯片放映"选项卡→"开始放映幻灯片"组→"自定义幻灯片放映"命令，逻辑地将演示文稿中的某些幻灯片以某种顺序排列，并以一个自定义放映名称命名，然后在"幻灯片"框中选择自定义放映的名称，就可仅放映该组幻灯片。

（3）换片方式

"换片方式"选项组供用户选择换片方式是手动还是自动。

（4）放映选项

PowerPoint 2010 提供了三种放映方式供用户选择：

循环放映，按 Esc 键终止。当最后一张幻灯片放映结束时，自动转到第一张幻灯片进行再次放映。

放映时不加旁白。在播放幻灯片的进程中不加任何旁白，如果要录制旁白，可以利用"幻灯片放映"→"录制旁白"选项。

放映时不加动画。选中该项，则放映幻灯片时，原来设定的动画效果将不起作用。如果取消选中"放映时不加动画"，动画效果又将起作用。

2. 执行幻灯片演示

按功能键 F5 从第一张幻灯片开始放映（同单击"幻灯片放映"选项卡→"开始放映幻灯片"组→"从头开始"按钮），按 Shift+F5 组合键从当前幻灯片开始放映。在演示过程中，单击屏幕左下角的图标按钮、利用快捷菜单或用光标移动键（→，↓，←，↑）均可实现幻灯片的选择放映。

7.5　演示文稿的打包和打印

7.5.1　演示文稿的打包

因为演示文稿有时需要在不同的机器上放映，要保证正常播放，PowerPoint 2010 特提供了关于演示文稿安全的多种设置方法，可以保护演示文稿的安全。如果需要将演示文稿的内容输出到纸张上或在其他计算机中放映，可以实施演示文稿的打印与打包操作。本任务将介绍文件打包的方法。

所谓打包演示文稿，是只将与演示文稿有关的各种文件都整合到同一个文件夹中，只要将这个文件夹复制到其他计算机中，然后启动其中的文件即可播放演示文稿。

（1）打开已做好的"毕业答辩演示文稿.pptx"。

（2）单击"文件"选项卡，在弹出的菜单中选择"保存并发送"命令然后选择"将演示文稿打包成 CD"命令。再单击"打包成 CD"按钮，如图 7-25 所示。

图 7-25　单击"打包成 CD"按钮

（3）出现如图 7-26 所示"打包成 CD"对话框。在"将 CD 命令为"文本框中输入打包后演示文稿的名称"毕业答辩演示文稿"。

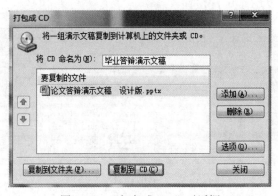

图 7-26　"打包成 CD"对话框

（4）单击"添加"按钮，可以添加多个演示文稿名称。

（5）单击"选项"按钮，出现如图 7-27 所示的"选项"对话框。选中"链接的文件"及"嵌入的 TrueType 字体"复选框，设置打开文件密码为 123456。

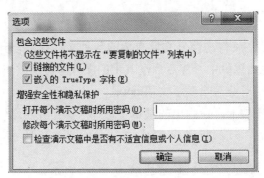

图 7-27 "选项"对话框

（6）单击"确定"按钮，保存设置并关闭"选项"对话框，返回到"打包成 CD"对话框。

（7）单击"复制到文件夹"按钮，弹出如图 7-28 所示的 Microsoft PowerPoint 对话框，提示程序会将链接的媒体文件复制到计算机，直接单击"是"按钮。

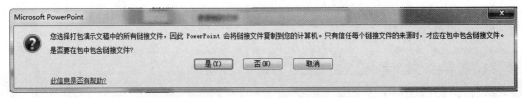

图 7-28 Microsoft PowerPoint 对话框

（8）弹出"正在将文件复制到文件夹"对话框并复制文件。复制完成后，关闭"打包成 CD"对话框，完成打包操作。

（9）打开光盘文件，可以看到打包的文件夹和文件。

7.5.2 演示文稿的打印

（1）页面设置：单击"设计"选项卡"页面设置"组中的"页面设置"按钮打开"页面设置"对话框，按图 7-29 所示进行设置。

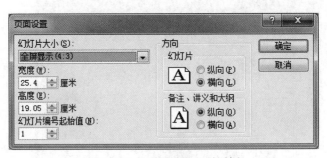

图 7-29 "页面设置"对话框

（2）打印讲义演示文稿：单击"文件"选项卡，在打开的菜单中选择"打印"命令，打开"打印"窗口。

（3）在"打印机"下拉列表框中选择要使用的打印机名称，在"设置"中选择"打印全部幻灯片"。

（4）在"幻灯片"下拉列表框中选择幻灯片打印的形式为"讲义→6 张水平设置的幻灯片"。

（5）单击"打印"按钮即可打印，如图 7-30 所示。

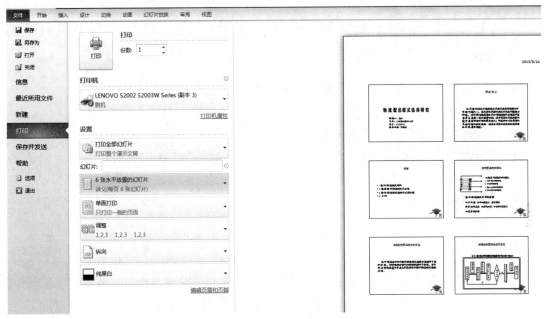

图 7-30　"打印"对话框

项目总结

本项目介绍了在 PowerPoint 2010 中自定义动画和设置幻灯片切换的方法，还介绍了设置演示文稿的放映和打包的方法。在为演示文稿添加动画时一定要注意，适当地为幻灯片添加"动画效果"，可以使演示文稿在放映时更加生动、形象，但过多的"动画效果"也会使演示速度和节奏变得缓慢，因此一定要适度。

项目 8　Excel 2010 电子表格——家庭开支明细表的制作

项目知识点

- Excel 2010 的启动和退出，窗口界面等常用工具的功能
- Excel 2010 工作簿的基本操作
- Excel 2010 工作表的基本操作
- Excel 2010 的求和函数
- Excel 2010 的格式和条件格式
- Excel 2010 的迷你图和柱状图

项目场景

小明去年刚大学毕业，在上海找了一份不错的工作。可是没几个月，他就发现虽然挣得不少，可自己还是"月光族"。所以，小明决定从今年开始规划、管理自己的家庭财务了。他要想个办法，将一年的消费支出情况按项目统计出来。这样，小明就能合理地安排自己的收入，避免盲目性的支出啦。这不，到年底啦，我们看看小明是怎样做的吧！

项目分析

小明要做出一个方案，能够更方便地将一年的消费支出情况按项目统计出来。

经过思考，小明决定制作一个"家庭开支明细表"，把一年的各项生活开支统计出来，理顺家庭的财务明细，这样就可以做到心中有数，来年按需分配自己的收入了。

但是，"家庭开支明细表"应该具备的内容，还需要分析一下：

"家庭开支明细表"应该有制表日期，表格要设计合理、既简洁又不失全面，支出的大项、大项中的小项都应该有体现，还应该有消费支出总额，如果再能有个图表体现出消费趋势就更好了。

那我们就来看看运用什么工具制作"家庭开支明细表"吧。

对，我们就用 Excel 2010 来制作！Excel 2010 是一套非常完整的工具，用户通过它可以方便地对表格里的数据进行处理，制作出具有专业水准的表格和图表。现在就开始制作"家庭开支明细表"吧，我们在制作的过程中可以了解 Excel 2010 的体系知识和制作流程。当然，对于个人和家庭而言，家庭开支明细表是一个很重要的财务分析工具，它可以帮助我们了解某一段时期的收入和支出，并且通过进一步的财务现状分析可以得出消费偏好，从而制定出合理的理财方案。

项目实施

完成本项目主要需要以下几个步骤:

- 要想使用 Excel 2010 来制作表格,首先要知道 Excel 2010 的启动、退出和窗口界面等基础知识。
- 对于 Excel 2010 来说,工作簿的基本操作也是制表之前必须了解的内容。
- 制作"家庭开支明细表"不可能一蹴而就,需要按部就班来完成,包括输入具体数据;对表进行设计、设置;利用数据制作图表等。具体步骤如下:
  - ➢ 输入数据
  - ➢ 插入表头行
  - ➢ 制作表头
  - ➢ 利用求和函数计算"合计"列
  - ➢ 增加边框和底纹
  - ➢ 设置"行高"和字体大小
  - ➢ 制作"迷你折线图"
  - ➢ 利用条件格式
  - ➢ 制作图表(柱形图)

项目实施结束后,如果和效果图 8-1 所示的一样,任务就完成啦。

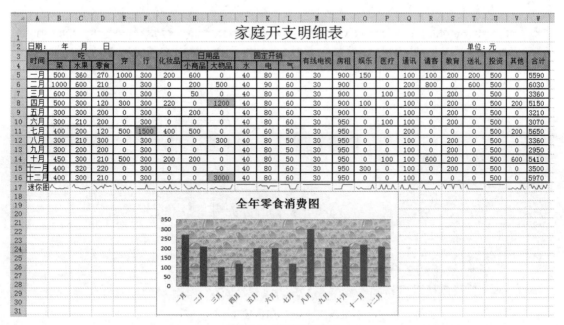

图 8-1　实施效果图

8.1　Excel 2010 概述

想利用 Excel 2010 创建家庭开支明细表，首先要了解它的启动、退出，窗口界面等常用工具的功能。

8.1.1　Excel 2010 的启动与退出

1．启动 Excel 2010

Excel 2010 的启动方法与 Word 2010 完全相同，最常用的方法是双击桌面上 Excel 2010 的图标。

2．退出 Excel 2010

当用户完成了所有操作，需要退出 Excel 2010 工作环境时，其退出方法与 Word 2010 相同。最常用的方法是单击 Excel 环境窗口右上角的"关闭"按钮。

8.1.2　Excel 2010 的窗口界面

启动 Excel 2010 后，即可进入 Excel 窗口，如图 8-2 所示。

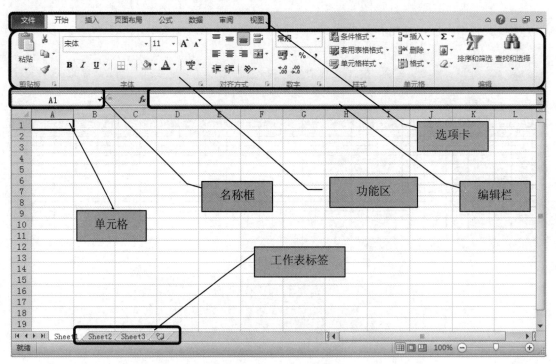

图 8-2　Excel 2010 窗口界面

Excel 2010 窗口主要由标题栏、快速访问工具栏、选项卡、功能区组、名称框、编辑栏、状态栏以及工作表等组成。

1. 标题栏

标题栏位于 Excel 窗口的顶部，它包含了应用程序名称、工作簿名称、最小化按钮、撤消、还原\最大化按钮以及关闭按钮。

2. 选项卡

选项卡从左至右依次是：文件、开始、插入、页面布局、公式、数据、审阅和视图 8 个，如图 8-3 所示；选项卡的最右端也有最小化、还原\最大化和关闭这 3 个按钮，它们是针对当前工作簿文件的。Excel 2010 菜单项的使用规则与 Word 完全相同。具体操作如下：

（1）选取选项卡命令

若要执行选项卡中的某条命令，只需要单击相应的选项卡，从中选取该命令即可。有时，遇到鼠标不能用的情况，用户也可以使用键盘来选择选项卡命令，方法是：

按下 Alt 键或 F10 键激活选项卡，此时，"文件"选项卡被激活，然后使用左右方向键，将光标移动到要选取的选项卡上，按上下方向键选取需要的命令，最后按回车键即可。也可以按下 Alt 键+选项卡下的字母，直接打开该选项卡，用上下方向键选取命令即可。

如果启动选项卡后，不想执行任何命令并且要关闭选项卡，只要在其外面单击或按 Esc 键即可。

图 8-3　选项卡

（2）使用快捷菜单

快捷菜单会因光标所指的位置不同而弹出不同的命令，对于编辑及格式设置更方便。方法为：

将光标移到适当位置，然后单击鼠标右键或按 Shift+F10 键，快捷菜单即出现在鼠标指针的上方或下方，如图 8-4 所示。单击所需命令即可；不执行任何命令时，按 Esc 键或在快捷菜单外任意处单击，便可关闭该菜单。

如果执行了不当的命令或动作，可单击快速访问工具栏上的撤消按钮 。

3. 功能区

依据每个选项卡不同功能的划分，Excel 2010 有 8 个功能区，提供了 Excel 2010 所有的使用功能。

Excel 2010 的功能区在不使用的情况下，可以将其最小化，方法是：在功能区空白处单击鼠标右键，选择"功能区最小化"命令，如图 8-5 所示，也可以根据使用习惯，自定义功能区。

4. 工作簿

在 Excel 2010 中，一个文件就是一个电子表格，称其为工作簿。每一个工作簿又由许多工作表组成。Excel 2010 在默认情况下有 3 张工作表，分别以 Sheet1、Sheet2、Sheet3 为标签（即工作表名称），工作表的数量可以根据需要插入。

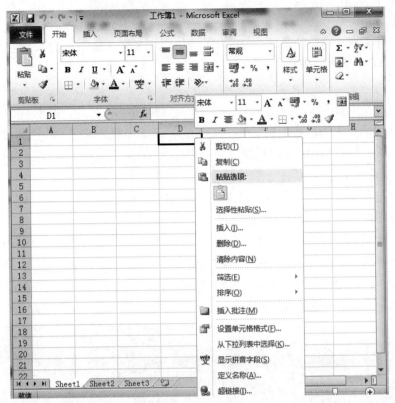

图 8-4　弹出快捷菜单

图 8-5　功能区最小化

5．工作表

工作表是 Excel 2010 中最主要的操作对象，也是用户输入和编辑文本、绘制图形、引入图片的地方。在 Excel 2010 中，一个工作簿最多可包含 256 个独立的工作表。一个工作表由行和列组成，表格区的顶端行是单元格的列号，从 A 开始，依次按 A～Z、AA～AZ、BA～BZ、…、直到 IA～IV；左端竖列是行号，从 1 开始，直到 65536。用户可以在多个工作表中同时输入和编辑数据，也可以对多个工作表数据同时进行引用计算。

工作表有自己的名字——工作表标签，分别为 Sheet1、Sheet2 和 Sheet3 等，如图 8-2 所示。

6. 单元格

单元格就是 Excel 的工作表中行和列交叉的部分，它是工作表中最基本的元素。一个工作表可包含 256×65536 个单元格，每个单元格都有一个唯一的名称，命名规则是：列号+行号，例如 A1 表示第 A 列第 1 行交叉的单元格。

当单击某一单元格时，该单元格的地址就会显示在"名称框"中，并在工作表中用粗线框框起来，以此来表示该单元格为当前活动单元格，用户只能对当前活动单元格进行编辑、修饰等各种操作。每个单元格内容长度的最大限制是 32727 个字符，但单元格中只能显示 1024 个字符，编辑栏中则可以显示全部字符。

7. 单元格区域

单元格区域指的是由多个相邻单元格形成的矩形区域，其表示方法为由该区域的左上角单元格地址、冒号和右下角单元格地址组成。例如，单元格区域 B3:E6 表示的是从左上角 B3 开始到右下角 E6 结束的一片矩形区域，共由 16 个单元格组成。

8. 名称框

名称框用于显示活动单元格的名称。

9. 编辑栏

在名称框的右边是编辑栏，用于输入数据或显示活动单元格的内容。Excel 2010 允许直接在活动单元格中输入数据，但有时仍会使用编辑栏。

当用户单击编辑栏时，编辑栏中会显示 3 个按钮："×"取消按钮，"√"确认按钮，"="编辑公式按钮。用户可以单击"√"按钮或按回车键来确认单元格的输入，也可以单击"×"按钮或按 Esc 键来取消单元格的输入。单击"="按钮则可以进行公式的编辑。

10. 状态栏

窗口的最底部是状态栏。状态栏显示与当前工作状态相关的各种信息，帮助用户进行正确的操作。

另外，在 Excel 2010 窗口的右端有垂直滚动条，用于屏幕内容的上下滚动显示；表格区的底部又分为两部分：左边是工作表标签和有关的按钮，右边是水平滚动条，用于屏幕内容的水平滚动显示。

初步了解 Excel 2010 的常用工具之后，我们再来了解一下工作簿的基本操作。先来介绍一下什么是"工作簿"。我们拿到一本书时，会首先看到书名；打开这本书时，会看到书的目录，以后才是各章的内容；各章的内容可以是文字、图形、表格等。而在 Excel 系统中，一个工作簿文件就是类似于一本书组成的一个文件，在其中又会包含许多工作表，这些工作表可以存储不同类型的数据等。工作簿是 Excel 中重要的基础概念之一。

8.2　工作簿的基本操作

每次使用 Excel 2010 时都会遇到几个基本操作，如新建、打开、保存和关闭工作簿等。下面就来介绍这几方面的内容。

8.2.1　建立工作簿

每次启动 Excel 后，系统总是自动建立一个名为"工作簿 1"的新工作簿文件供用户使用。

在编辑的过程中，用户还可以根据需要同时建立多个新工作簿文件，建立新工作簿的方法有：

（1）单击"文件"选项卡中的"新建"命令。

（2）按 Ctrl+N 组合键。

每建立一个新的工作簿，就会打开一个新的工作簿窗口，新工作簿的标题栏上的名称会相应变成"工作簿 2""工作簿 3"……，此时 Excel 2010 的窗口是一个空白的编辑窗口。

另外，我们可以利用 Excel 2010 为用户提供的工作表模板，更方便地建立自己的工作簿。具体操作方法如下：

单击"文件"选项卡中的"新建"命令，根据需要选择模板即可，如图 8-6 所示。

图 8-6　Excel 2010 电子表格模板

8.2.2　打开工作簿

启动 Excel 2010 后，总是会自动打开一个新的工作簿供用户使用。可是，我们经常要继续上一次的工作或把以前编排好的电子表格调出来使用或修改，这就需要打开原有的工作簿。
打开的方法有：

（1）单击"文件"选项卡中的"打开"命令。

（2）按 Ctrl+O 组合键。

进行以上操作后，会弹出一个"打开"对话框，如图 8-7 所示。如果要打开的工作簿不在
当前文件夹中，可以从"查找范围"右边的下拉列表框中查找，找到后单击选定要打开的工作
簿文件，再单击"打开"按钮；或直接双击要打开的工作簿文件即可。

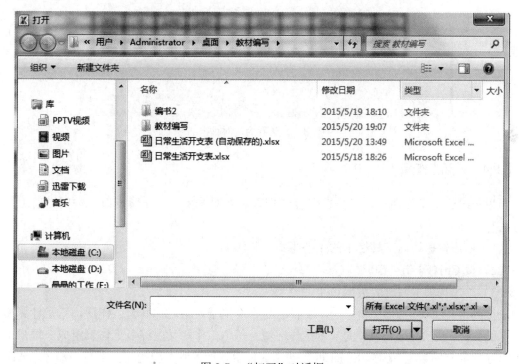

图 8-7　"打开"对话框

8.2.3　保存工作簿

为了避免由于突然断电或死机等原因造成的数据及结果的丢失，我们应该将正在编辑的
有用的内容及时地保存。

保存工作簿的方法有：

（1）单击快速访问工具栏中的"保存"按钮。

（2）按 Ctrl+S 组合键。

（3）单击"文件"选项卡中的"保存"命令。

若想改变旧文件的文件名或保存位置，可按如下操作进行：单击"文件"选项卡中的"保
存"命令，则弹出"另存为"对话框，如图 8-8 所示。

根据需要，设置保存位置、文件名和保存类型，单击"保存"按钮即可。

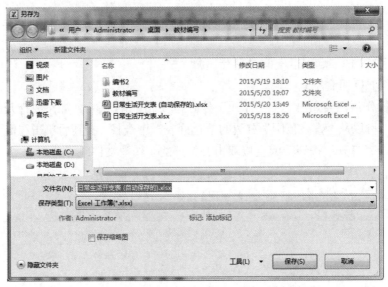

图 8-8 "另存为"对话框

8.2.4 关闭工作簿

当用户编辑好工作簿后，最好在保存或打印后立即关闭该工作簿窗口。关闭当前工作簿的方法有：

（1）单击快速访问工具栏中的 🗙 图标。

（2）按 Ctrl+F4 组合键。

（3）单击选项卡右端的关闭按钮。

刚提到，在 Excel 2010 中，一个文件就是一个电子表格，称其为工作簿，它是计算和存储数据的文件，是 Excel 2010 的基本工作环境。每个工作簿又由许多工作表组成，每张工作表可以存放独立的数据，因此 Excel 可在一个文件中管理各种类型的相关信息。那么，请跟着我制作家庭开支明细表，通过它，来认识工作表的神奇之处吧！

8.3 工作表的基本操作（建立家庭开支明细表）

8.3.1 输入数据

输入原始数据是建立和编辑工作表的第一步。在 Excel 2010 中，把从键盘输入到工作表中的信息称为"数据"。Excel 2010 有多种数据形式，比如数字、一段汉字或字母、日期、公式等。

为了操作方便，Excel 2010 把数据分为三种类型：即字符、数值和公式。

字符数据是指表格中的文字、字母、数字或其他符号，以及由它们组成的字符串。Excel 不能对字符数据进行计算，只能进行编辑。注意，如果输入的是数字字符，则在字符之前应加"'"符号。

　　数值数据是指由 0～9 这 10 个数字和小数点组成的数字，可以对它进行计算。在 Excel 中时间和日期均按数值来处理，对于日期，Excel 会把它转化为从 1900 年 1 月 1 日到该日期的天数。

　　公式数据是指以"="开头，后边由单元格名称、运算符、数值、函数和圆括号组成的有意义的式子。在工作表中，如果某一单元格中的数据为公式，则单击该单元格时公式会显示在编辑栏内，而该单元格中显示的内容则是该公式计算的结果。关于公式数据我们在后面会具体涉及到。

　　（1）启动 Excel 2010 建立一个工作簿文件。

　　（2）选择其中的工作表，然后往表的单元格中输入数据，如图 8-9 所示。

时间	菜	水果	零食	穿	行	化妆品	小商品	大物品	水	电	气	有线电视	房租	娱乐	医疗	通讯	请客	教育	送礼	投资	其他
一月	500	360	270	1000	300	200	600		40	80	60	30	900	150		100	100	200	200	500	
二月	1000	600	210	0	300	0	200	500	40	90	60	30	900	0		200	800	0	600	500	
三月	600	300	100	0	300	0	50	0	40	80	60	30	900	0	100	100	0	200	0	500	
四月	500	300	120	300	300	220	0	1200	40	80	60	30	900	100	0	100	0	200	0	500	200
五月	300	300	200	0	300	0	200	0	40	80	60	30	900	0		100	0	200	0	500	
六月	300	210	200	0	300	0	0	0	40	80	60	30	950	0	100	100	0	200	0	500	
七月	400	200	120	500	1500	400	500	0	40	60	60	30	950	0	0	200	0	0	0	500	200
八月	300	210	300	0	300	0	0	300	40	80	60	30	950	0	0	100	0	200	0	500	
九月	300	200	200	0	300	0	200	0	40	80	60	30	950	0		100	0	200	0	500	
十月	450	300	210	500	300	200	200	0	40	80	60	30	950	0	100	100	600	200	0	500	600
十一月	400	320	220	0	300	0	0	0	40	80	60	30	950	300	0	100	0	200	0	500	
十二月	400	300	210	0	300	0	0	3000	40	80	60	30	950	0	100	100	0	200	0	500	

（标注：文本　填充柄　数值数据）

图 8-9　输入"家庭开支明细表"的数据

　　输入数据有多种方式，在向单元格中填充数据时，填充方法有以下 4 种：

　　1）单击要输入数据的单元格，然后从键盘上直接输入数据。

　　2）双击要输入数据的单元格，当单元格中出现插入光标时即可直接输入数据。

　　3）单击要输入数据的单元格，然后把光标插入到编辑栏中即可输入数据。如果要取消输入，可按 Esc 键或单击编辑栏左边的"×"按钮；如果输入有效，单击"√"按钮或按回车键。

　　4）采用自动快速的填充方法。

　　如果一行（或一列）相邻单元格要输入相同的数据，则不必重复输入每个数据，可以用下面简单的方法复制相同的数据：先在一个单元格中输入第一个数据，然后选中该单元格，再将光标指向该单元格右下角的小黑方块处，这个小黑方块称为填充柄，光标将变为"+"形，按住鼠标左键拖动到相同内容连续单元格的最后一格，松手即可，如图 8-10 所示。

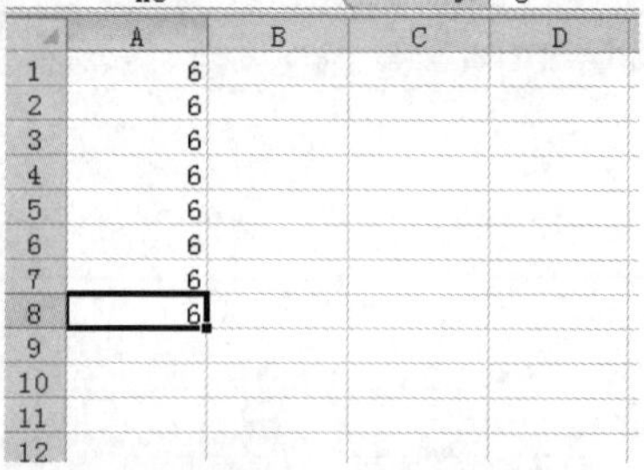

	A	B	C	D
1	6			
2	6			
3	6			
4	6			
5	6			
6	6			
7	6			
8	6			
9				
10				
11				
12				

（名称框 A8　编辑栏 fx　6）

图 8-10　连续单元格相同数据的填充

如果表格中的字符数据是由具有一定顺序的序列所构成，比如一月、二月、三月；第一季、第二季、第三季、第四季；2001 年、2002 年等。输入这些数据时，只需输入前两个数据，然后直接拖动该数据所在单元格处的填充柄，如图 8-9（A2:A13）所示。

如果输入的数据为等差数列或等比数列，例如 1，2，3，…；5，10，20，…等，则可在输入第一个数据后，选定填充区域，再选择"开始"选项卡中的"编辑"组中的"填充"命令。单击"序列"子命令，然后在"序列"对话框中设置自动序列要填充的数据：其中，"步长值"是指等差序列中相邻两个数据之间的差值，如图 8-11 所示。

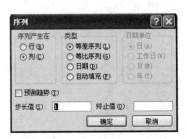

图 8-11　"序列"对话框

8.3.2　插入表头行

单元格、行和列是工作表中最基本的操作对象。在 Excel 2010 中可以方便地对单元格、行和列进行移动、插入和删除等基本操作。下面介绍向工作表数据最上面一行插入三行的操作方法。

右击第一行，在弹出的快捷菜单中选择"插入"（图 8-12）或单击"开始"选项卡"单元格"组中的"插入"，因为要插入三行，所以单击三次。效果如图 8-13 所示。

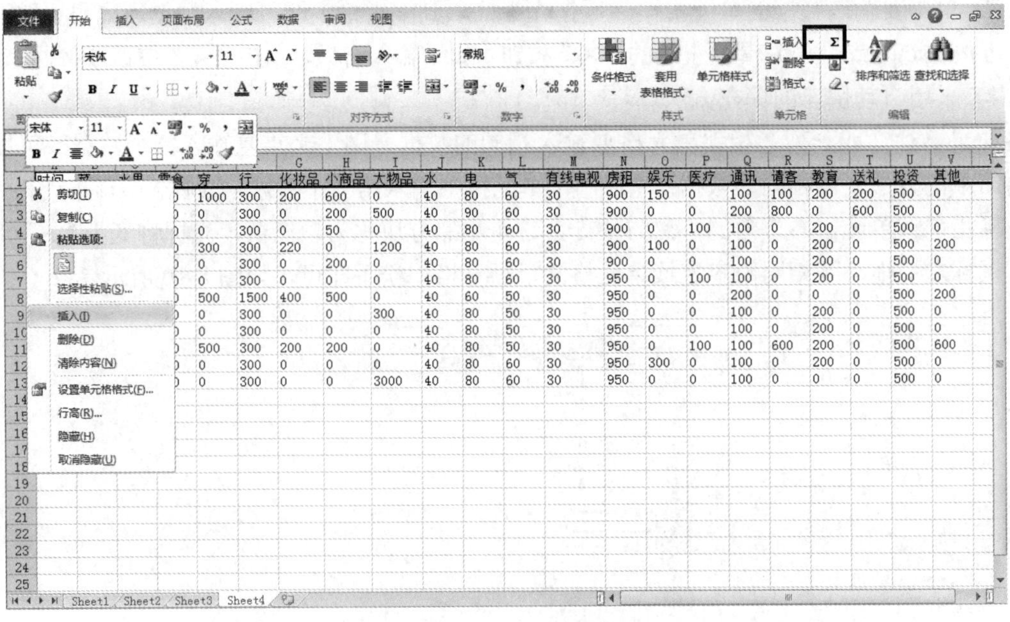

图 8-12　"插入"快捷菜单

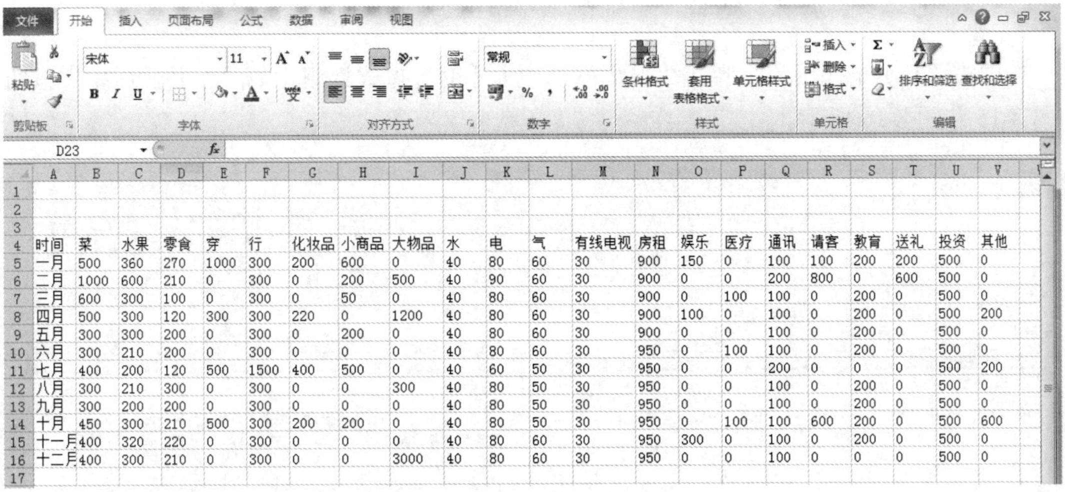

	A	B	C	D	E	F	G	H	I	J	K	L	M	N	O	P	Q	R	S	T	U	V
1																						
2																						
3																						
4	时间	菜	水果	零食	穿	行	化妆品	小商品	大物品	水	电	气	有线电视	房租	娱乐	医疗	通讯	请客	教育	送礼	投资	其他
5	一月	500	360	270	1000	300	200	600	0	40	80	60	30	900	150	0	100	100	200	200	500	0
6	二月	1000	600	210	0	300	0	200	500	40	90	60	30	900	0	0	200	800	0	600	500	0
7	三月	600	300	100	0	300	0	50	0	40	80	60	30	900	0	100	100	0	200	0	500	0
8	四月	500	300	120	300	300	220	0	1200	40	80	60	30	900	100	0	100	0	200	0	500	200
9	五月	300	300	200	0	300	0	200	0	40	80	60	30	900	0	0	100	0	200	0	500	0
10	六月	300	210	200	0	300	0	0	0	40	80	60	30	950	0	100	100	0	200	0	500	0
11	七月	400	200	120	500	1500	400	500	0	40	60	50	30	950	0	0	200	0	0	0	500	200
12	八月	300	210	300	0	300	0	0	300	40	80	50	30	950	0	0	100	0	200	0	500	0
13	九月	300	200	200	0	300	0	0	0	40	80	50	30	950	0	0	100	0	200	0	500	0
14	十月	450	300	210	500	300	200	200	0	40	80	50	30	950	0	100	100	600	200	0	500	600
15	十一月	400	320	220	0	300	0	0	0	40	80	60	30	950	300	0	100	0	200	0	500	0
16	十二月	400	300	210	0	300	0	0	3000	40	80	60	30	950	0	0	100	0	0	0	500	0
17																						

图 8-13 “插入”三行的效果

如果是对单元格的其他操作，比如修改单元格的内容，则可以单击单元格，然后直接输入新内容，则新输入的内容就取代了原来的内容。如果是要将某一单元格的内容移到另一空白单元格，只需要将光标指向已选定单元格的边框上，当光标变成指向左上箭头形状后，按下鼠标左键拖动到目标空白单元格处再放开，即可完成单元格内容的移动。值得注意的是，上述操作的目标位置单元格中如有内容，则该内容将被新内容取代。

8.3.3 制作表头

1. 键入工作表名及表头和制表日期等内容

如图 8-14 所示。

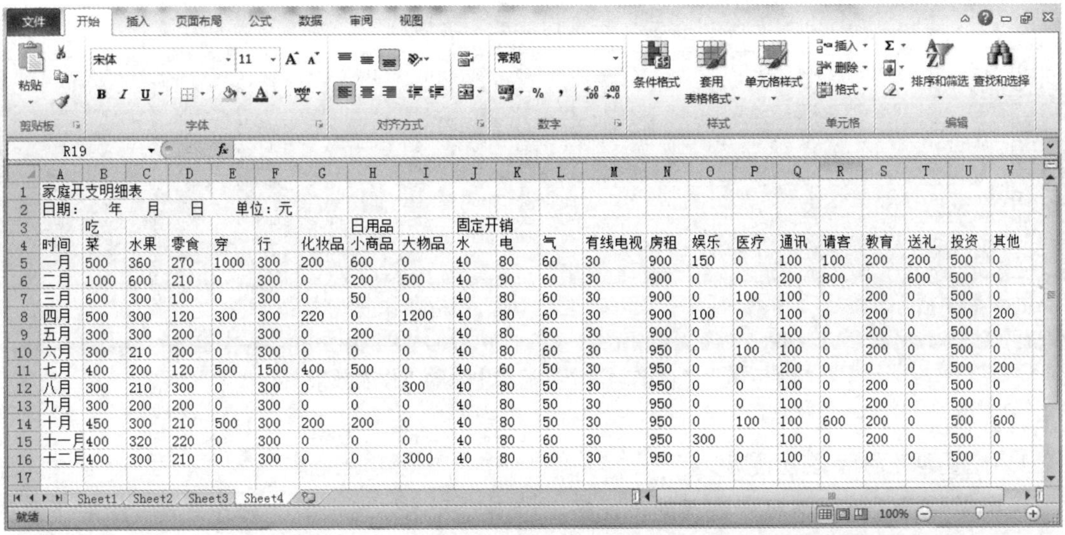

	A	B	C	D	E	F	G	H	I	J	K	L	M	N	O	P	Q	R	S	T	U	V
1	家庭开支明细表																					
2	日期：	年	月	日	单位：元																	
3		吃						日用品		固定开销												
4	时间	菜	水果	零食	穿	行	化妆品	小商品	大物品	水	电	气	有线电视	房租	娱乐	医疗	通讯	请客	教育	送礼	投资	其他
5	一月	500	360	270	1000	300	200	600	0	40	80	60	30	900	150	0	100	100	200	200	500	0
6	二月	1000	600	210	0	300	0	200	500	40	90	60	30	900	0	0	200	800	0	600	500	0
7	三月	600	300	100	0	300	0	50	0	40	80	60	30	900	0	100	100	0	200	0	500	0
8	四月	500	300	120	300	300	220	0	1200	40	80	60	30	900	100	0	100	0	200	0	500	200
9	五月	300	300	200	0	300	0	200	0	40	80	60	30	900	0	0	100	0	200	0	500	0
10	六月	300	210	200	0	300	0	0	0	40	80	60	30	950	0	100	100	0	200	0	500	0
11	七月	400	200	120	500	1500	400	500	0	40	60	50	30	950	0	0	200	0	0	0	500	200
12	八月	300	210	300	0	300	0	0	300	40	80	50	30	950	0	0	100	0	200	0	500	0
13	九月	300	200	200	0	300	0	0	0	40	80	50	30	950	0	0	100	0	200	0	500	0
14	十月	450	300	210	500	300	200	200	0	40	80	50	30	950	0	100	100	600	200	0	500	600
15	十一月	400	320	220	0	300	0	0	0	40	80	60	30	950	300	0	100	0	200	0	500	0
16	十二月	400	300	210	0	300	0	0	3000	40	80	60	30	950	0	0	100	0	0	0	500	0
17																						

图 8-14 键入工作表名及表头和制表日期等内容

2. 合并单元格

选中需要合并的单元格，单击"开始"选项卡"对齐方式"组中的"合并后居中"按钮，如图 8-15 和图 8-16 所示。

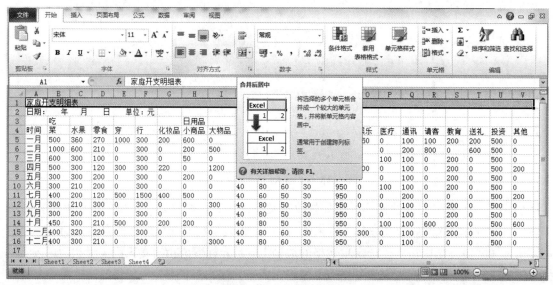

图 8-15　合并单元格

图 8-16　经过多次"合并后居中"的工作表效果图

3. 设置单元格对齐方式

选中需要设置单元格对齐方式的单元格，单击"开始"选项卡"对齐方式"组右下角的对话框启动器按钮 ，设置文本对齐方式为水平、垂直均居中。设置第二行内容为左对齐，并做适当调整。如图 8-17 到图 8-19 所示。

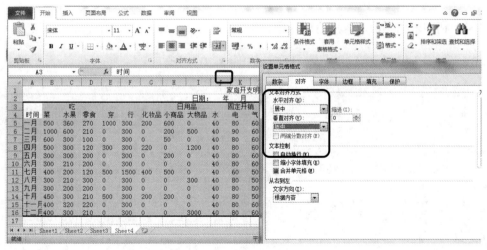

图 8-17 设置单元格居中对齐

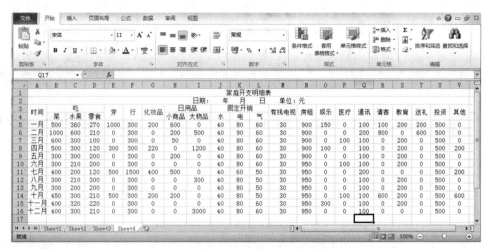

图 8-18 设置单元格居中对齐后的效果

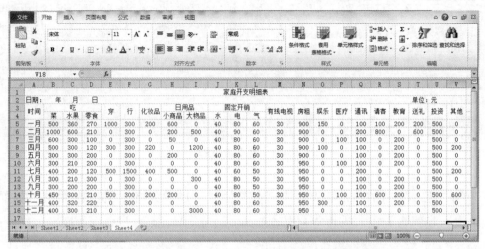

图 8-19 设置第二行单元格左对齐并调整距离后的效果

8.3.4 利用求和函数计算“合计”列

（1）将“合计”列添加到工作表最后，如图 8-20 所示。

时间	吃 菜	吃 水果	吃 零食	穿	行	化妆品	日用品 小商品	日用品 大物品	固定开销 水	固定开销 电	固定开销 气	有线电视	房租	娱乐	医疗	通讯	请客	教育	送礼	投资	其他	合计
一月	500	360	270	1000	300	200	600	0	40	80	60	30	900	150	0	100	100	200	200	500	0	
二月	1000	600	210	0	300	0	200	500	40	90	60	30	900	0	0	200	800	0	600	500	0	
三月	600	300	100	0	300	0	50	0	40	80	60	30	900	0	100	100	0	200	0	500	0	
四月	500	300	120	300	300	220	0	1200	40	80	60	30	900	100	0	100	0	200	0	500	200	
五月	300	300	200	0	300	0	200	0	40	80	60	30	900	0	0	100	0	200	0	500	0	
六月	300	210	200	0	300	0	0	0	40	80	60	30	950	0	100	100	0	200	0	500	0	
七月	400	200	120	500	1500	400	500	0	40	60	50	30	950	0	0	200	0	0	0	500	200	
八月	300	210	300	0	300	0	0	300	40	80	50	30	950	0	0	100	0	200	0	500	0	
九月	300	200	200	0	300	0	0	0	40	80	50	30	950	0	0	100	0	200	0	500	0	
十月	450	300	210	500	300	200	200	0	40	80	50	30	950	0	100	100	600	200	0	500	600	
十一月	400	320	220	0	300	0	0	0	40	80	60	30	950	300	0	100	0	200	0	500	0	
十二月	400	300	210	0	300	0	0	3000	40	80	60	30	950	0	0	100	0	0	0	500	0	

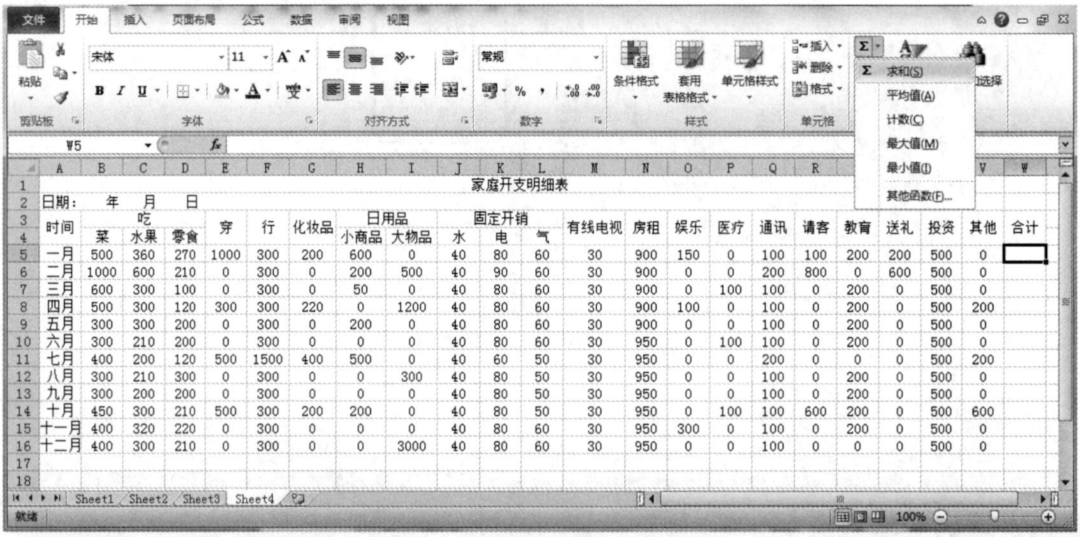

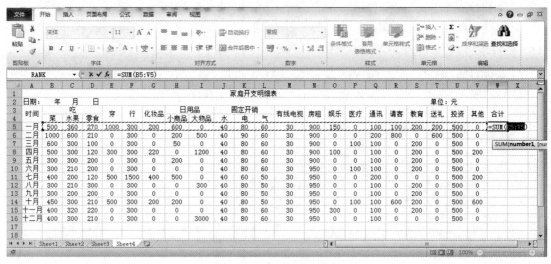

图 8-20 工作表后增加“合计”列

（2）单击“开始”选项卡“编辑”组中的“求和”按钮，按要求选择求和范围后，按 Enter 键，如图 8-21 所示。

时间	吃 菜	吃 水果	吃 零食	穿	行	化妆品	日用品 小商品	日用品 大物品	固定开销 水	固定开销 电	固定开销 气	有线电视	房租	娱乐	医疗	通讯	请客	教育	送礼	投资	其他	合计
一月	500	360	270	1000	300	200	600	0	40	80	60	30	900	150	0	100	100	200	200	500	0	=SUM(B5:V5)
二月	1000	600	210	0	300	0	200	500	40	90	60	30	900	0	0	200	800	0	600	500	0	
三月	600	300	100	0	300	0	50	0	40	80	60	30	900	0	100	100	0	200	0	500	0	
四月	500	300	120	300	300	220	0	1200	40	80	60	30	900	100	0	100	0	200	0	500	200	
五月	300	300	200	0	300	0	200	0	40	80	60	30	900	0	0	100	0	200	0	500	0	
六月	300	210	200	0	300	0	0	0	40	80	60	30	950	0	100	100	0	200	0	500	0	
七月	400	200	120	500	1500	400	500	0	40	60	50	30	950	0	0	200	0	0	0	500	200	
八月	300	210	300	0	300	0	0	300	40	80	50	30	950	0	0	100	0	200	0	500	0	
九月	300	200	200	0	300	0	0	0	40	80	50	30	950	0	0	100	0	200	0	500	0	
十月	450	300	210	500	300	200	200	0	40	80	50	30	950	0	100	100	600	200	0	500	600	
十一月	400	320	220	0	300	0	0	0	40	80	60	30	950	300	0	100	0	200	0	500	0	
十二月	400	300	210	0	300	0	0	3000	40	80	60	30	950	0	0	100	0	0	0	500	0	

图 8-21 选定求和范围

（3）单击输入公式的单元格 W5，拖动填充柄到 W16 单元格（填充柄：将光标放置在单元格右下角后会显示“+”），如图 8-22 所示。

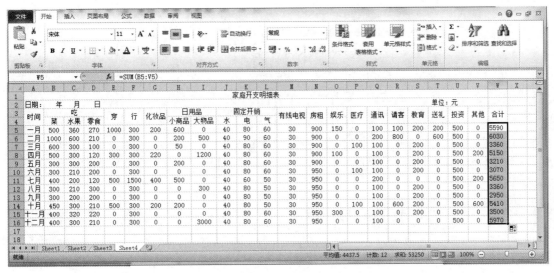

图 8-22   将 W5 的公式复制到 W6:W16

在这里，我们用到了"求和"函数，其实，公式和函数是 Excel 处理数据的重要手段，在这一节，我们先做一个初步了解，在项目 9 再给大家做更详细的讲解。

8.3.5   增加边框和底纹

（1）选中需要加边框的单元格，如图 8-23 所示。

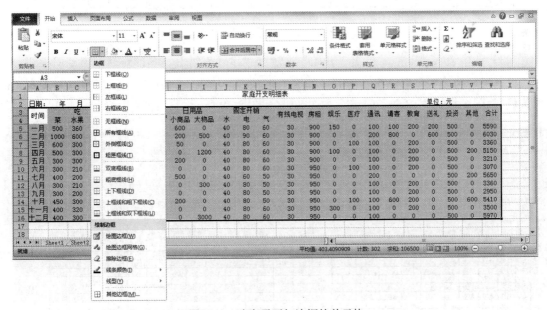

图 8-23   选中需要加边框的单元格

（2）单击"开始"选项卡"字体"组中的"边框"按钮，选择"其他边框"，打开"设置单元格格式"对话框，在"边框"选项卡中将外边框设置成双实线，内边框设置成单实线，如图 8-24 和图 8-25 所示。

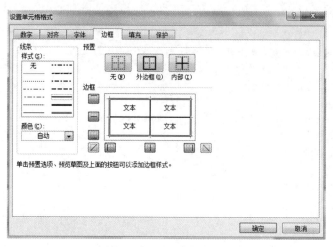

图 8-24　设置边框样式

时间	吃			穿	行	化妆品	日用品		固定开销			有线电视	房租	娱乐	医疗	通讯	请客	教育	送礼	投资	其他	合计
	菜	水果	零食				小商品	大物品	水	电	气											
一月	500	360	270	1000	300	200	600	0	40	80	60	30	900	150	0	100	100	200	200	500	0	5590
二月	1000	600	210	0	300	0	200	500	40	90	60	30	900	0	0	200	800	0	600	500	0	6030
三月	600	300	100	0	300	0	50	0	40	80	60	30	900	0	100	0	200	0	0	500	0	3360
四月	500	300	120	300	300	220	0	1200	40	80	60	30	900	100	0	100	0	200	0	500	200	5150
五月	300	300	200	0	300	0	200	0	40	80	60	30	900	0	0	100	0	200	0	500	0	3210
六月	300	210	200	0	300	0	0	0	40	80	60	30	950	0	100	0	0	200	0	500	0	3070
七月	400	200	120	500	1500	400	500	0	40	80	60	30	950	0	0	200	0	0	0	500	200	5650
八月	300	210	300	0	300	0	0	300	40	80	60	30	950	0	0	100	0	200	0	500	0	3360
九月	300	300	200	0	300	0	0	0	40	80	60	30	950	0	0	100	0	200	0	0	0	2950
十月	450	300	210	500	300	200	200	0	40	80	60	30	950	0	100	0	600	200	0	500	600	5410
十一月	400	320	220	0	300	0	0	0	40	80	60	30	950	300	0	0	0	200	0	500	0	3500
十二月	400	300	210	0	300	0	0	3000	40	80	60	30	950	0	0	100	0	0	0	500	0	5970

图 8-25　设置边框样式后效果

（3）选中表头单元格，单击"开始"选项卡"字体"组右下角的对话框启动器按钮，打开"设置单元格格式"对话框，选择"填充"选项卡，给表头设置背景色"绿色"，图案颜色"黄色"，图案样式"12.5%灰色"，如图 8-26 至图 8-28 所示。

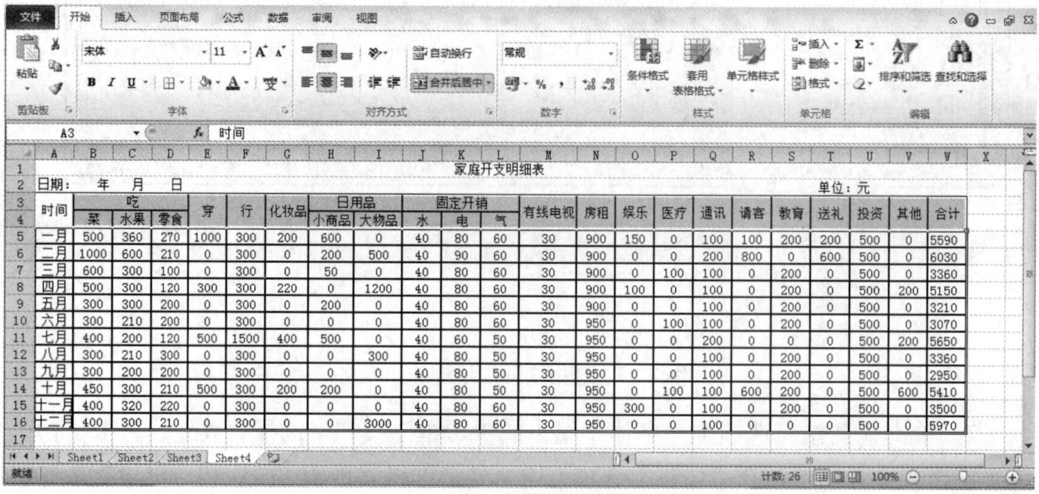

图 8-26　选中表头

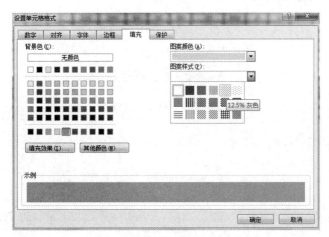

图 8-27　设置单元格填充样式

时间	吃			穿	行	化妆品	日用品		固定开销			有线电视	房租	娱乐	医疗	通讯	请客	教育	送礼	投资	其他	合计
	菜	水果	零食				小商品	大物品	水	电	气											
一月	500	360	270	1000	300	200	600	0	40	80	60	30	900	150	0	100	100	200	200	500	0	5590
二月	1000	600	210	0	300	0	200	500	40	90	60	30	900	0	0	200	800	0	600	500	0	6030
三月	600	300	100	0	300	0	50	0	40	80	60	30	900	0	100	100	0	200	0	500	0	3360
四月	500	300	120	300	300	220	0	1200	40	80	60	30	900	100	0	100	0	200	0	500	200	5150
五月	300	300	200	0	300	0	200	0	40	80	60	30	900	0	0	100	0	200	0	500	0	3210
六月	300	210	200	0	300	0	0	0	40	80	60	30	950	0	100	100	0	200	0	500	0	3070
七月	400	200	120	500	1500	400	500	0	40	60	50	30	950	0	0	200	0	200	200	500	0	5650
八月	400	210	100	0	300	0	0	300	40	80	50	30	950	0	0	100	0	200	0	500	0	3360
九月	300	300	200	0	300	0	0	0	40	80	60	30	950	0	0	100	0	200	0	500	0	2950
十月	450	300	210	500	300	200	0	0	40	80	60	30	950	0	100	100	600	200	0	500	600	5410
十一月	400	320	220	0	300	0	0	0	40	80	60	30	950	300	0	100	0	200	0	500	0	3500
十二月	400	300	210	0	300	0	0	3000	40	80	60	30	950	0	0	100	0	0	0	500	0	5970

图 8-28　单元格填充样式设置完成效果

8.3.6　设置"行高"和字体大小

（1）选中第一行（标题行），单击"开始"选项卡"单元格"组中的"格式"下拉按钮，在下拉菜单中选择"行高"，在弹出的"行高"对话框中输入行高"30"，如图 8-29 至图 8-31 所示。

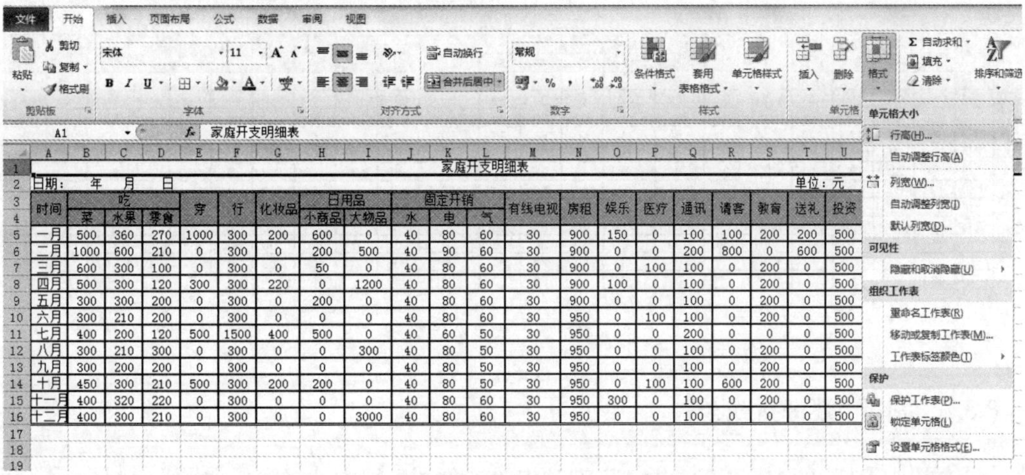

图 8-29　选中表第一行（表标题行）

图 8-30　"行高"对话框

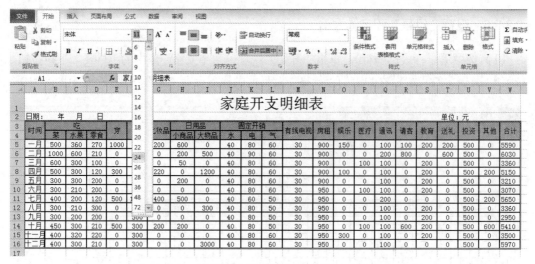

图 8-31　修改"行高"后效果

（2）给表标题设置字号为 24 号，如图 8-32 所示。

图 8-32　设置字号后效果

8.3.7　制作"迷你折线图"

（1）选中 B17 单元格，在"插入"选项卡"迷你图"组中选择"折线图"，如图 8-33 所示。

家庭开支明细表

时间	吃			穿	行	化妆品	日用品		固定开销			有线电视	房租	娱乐	医疗	通讯	请客	教育	送礼	投资	其他	合计
	菜	水果	零食				小商品	大物品	水	电	气											
一月	500	360	270	1000	300	200	600	0	40	80	60	30	900	150	0	100	100	200	200	500	0	5590
二月	1000	600	210	0	300	0	200	500	40	90	60	30	900	0	0	200	800	0	600	500	0	6030
三月	600	300	100	0	300	0	50	0	40	80	60	30	900	0	100	100	0	200	0	500	0	3360
四月	500	300	120	300	300	220	0	1200	40	80	60	30	900	100	0	100	0	200	0	500	200	5150
五月	300	300	200	0	300	0	200	0	40	80	60	30	900	0	0	100	0	200	0	500	0	3210
六月	300	210	200	0	300	0	0	0	40	80	60	30	950	0	100	100	0	200	0	500	0	3070
七月	400	200	120	500	1500	400	500	0	40	80	60	30	950	0	0	200	0	0	0	500	200	5650
八月	300	210	200	0	300	0	0	300	40	80	60	30	950	0	0	100	0	200	0	500	0	3360
九月	300	200	200	0	300	0	0	0	40	80	60	30	950	0	0	100	0	0	0	500	0	2950
十月	450	300	210	500	300	200	200	0	40	80	60	30	950	0	0	100	600	200	0	500	600	5410
十一月	400	320	220	0	300	0	0	0	40	80	60	30	950	300	0	100	0	200	0	500	0	3500
十二月	400	300	210	0	300	0	0	3000	40	80	60	30	950	0	0	100	0	0	0	500	0	5970
迷你图																						

图 8-33　选择“折线图”

（2）在弹出的“创建迷你图”对话框中按图 8-34 所示选择数据范围。

图 8-34　“创建迷你图”对话框

（3）利用格式复制功能将迷你图拖拽到所有项目中去，如图 8-35 所示。

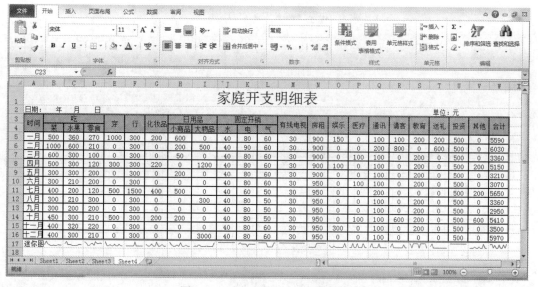

图 8-35　迷你图格式复制后效果图

8.3.8　利用条件格式

利用条件格式，突出显示支出超过 1000 元的项目。

（1）选中所需的数据，在"开始"选项卡"样式"组中选择"条件格式"，在弹出的下拉菜单中选择"突出显示单元格规则"，在子菜单中选择"大于"，如图 8-36 所示。

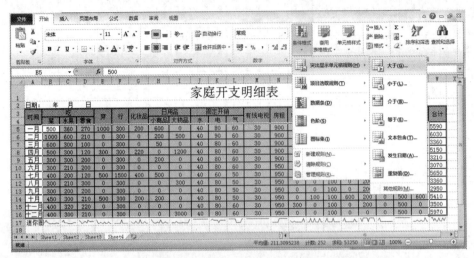

图 8-36　"条件格式"下拉菜单

（2）在"大于"对话框中输入"1000"，如图 8-37 和图 8-38 所示。

图 8-37　"大于"对话框

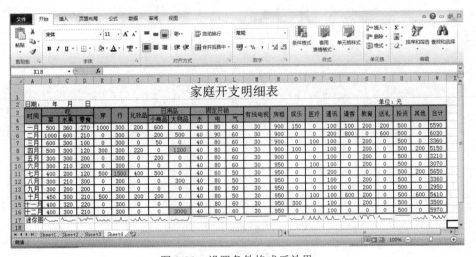

图 8-38　设置条件格式后效果

8.3.9　制作图表

为全年的零食支出制作图表（柱形图）。

（1）选中所需的数据，按住 Ctrl 键可以进行跳跃式选择，在"插入"选项卡"图表"组中选择"柱形图→簇状柱形图"，如图 8-39 和图 8-40 所示。

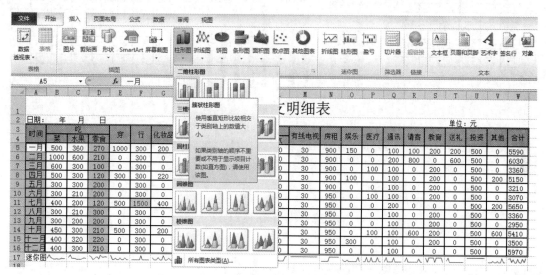

图 8-39　"图表"组

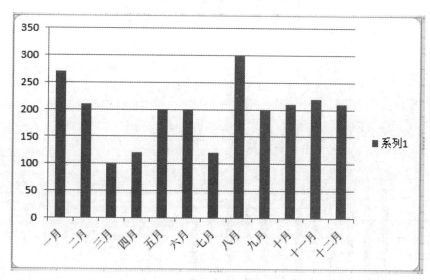

图 8-40　原始图表

（2）为柱形图添加图表标题，在"图表工具/布局"选项卡"标签"组中单击"图表标题"，如图 8-41 和图 8-42 所示。

（3）右击"图例"区，选择"删除"命令删除"图例"，如图 8-43 所示。

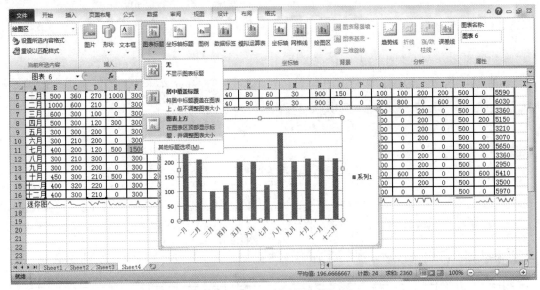

图 8-41　为图表加标题

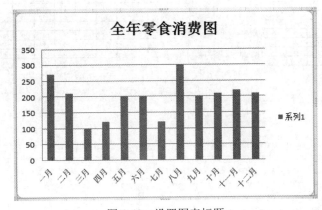

图 8-42　设置图表标题

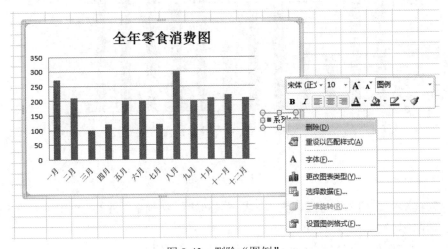

图 8-43　删除"图例"

（4）双击"绘图区"，在弹出的"设置绘图区格式"对话框中选择给"绘图区"设置"图片或纹理填充"，选择"水滴"，如图 8-44 和图 8-45 所示。

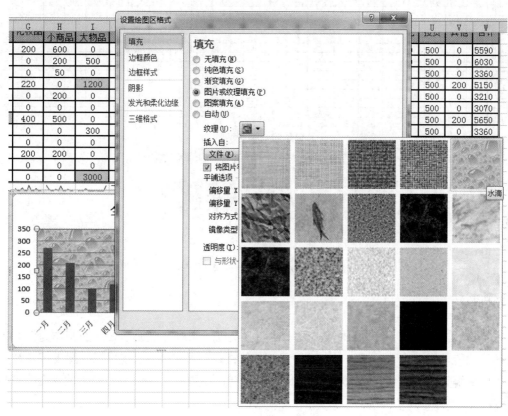

图 8-44　设置绘图区填充样式

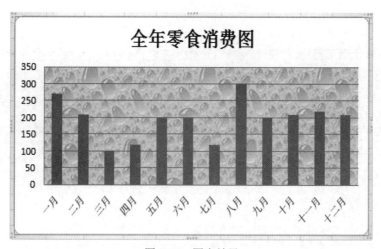

图 8-45　图表效果

（5）将"全年零食消费图"图表放到 G18:P31 单元格区域内（同时按住 Alt 键可按单元格进行移动），如图 8-46 所示。

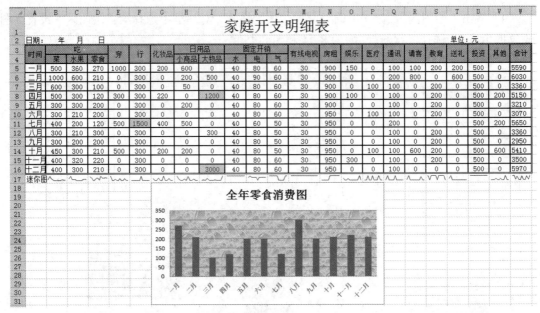

图 8-46　将"全年零食消费图"放到 G18:P31 单元格区域内

项目总结

本项目对 Excel 2010 的基本情况做了说明，又以"家庭开支明细表"的制作为例对工作表的部分功能，如工作表的录入、格式设置、条件格式、求和函数、迷你图、图表等内容按步骤做了详尽解说。对于 Excel 2010 的其他基本功能，如数据、页面布局和函数等会在项目 9 再做说明。

项目 9 Excel 2010 电子表格——学生成绩统计表的制作

项目知识点

- Excel 2010 工作表的公式和函数
- Excel 2010 的页面设置、打印设置

项目场景

小李是计算机应用 143012 班的班长，本学期结束后，小李需要将本班学生的成绩统计出来。因为期末成绩是一个学期学生学习效果和老师教学效果的整体反映，所以小李在对待这个事情上格外认真。另外，班主任老师也把小李叫到办公室，给他提了一些建议。回到班级后小李同学决定好好去做，让我们看看他是怎么做的吧！

项目分析

小李同学经过思考，决定先把表格主要数据建好，因为这个表格面对的是学生和老师，对于学生，这个表应该要体现出他们所关心的项目，比如说：总分、奖学金、排名等；对于老师，这个表应该体现出单科成绩的信息，比如说：单科成绩的最高值、单科成绩的最低值、单科成绩中最能反映学生能力的成绩值（普遍成绩）等。

对于以上这些任务，小李觉得用 Excel 电子表格来完成是件非常方便的事，于是小李决定应用 Excel 2010 的公式和函数功能来完成此表。应老师的建议，还需要将做好的表排版打印，分发给任课教师和学生们，小李还要对表进行页面设置等操作。

项目实施

完成本项目主要需要以下几个步骤：

对于本项目来说，最重要的莫过于公式和函数了，在项目实施的过程中，要对这一内容做详尽描述，具体步骤如下：

- Excel 2010 的公式和函数
  - ➢ 制作学生成绩统计表。
  - ➢ 利用 SUM 函数自动计算每位学生的总成绩。
  - ➢ 利用 AVERAGE 函数自动计算单科成绩的平均值。
  - ➢ 利用 MAX/MIN 函数自动计算每个科目的最高成绩和最低成绩。
  - ➢ 利用 MODE 函数自动计算每个科目的普遍成绩（众数）。
  - ➢ 利用 RANK 函数按学生总分由高到低自动计算排名。
  - ➢ 利用 IF 函数给排名前三位的同学标注"奖学金"。

> ➢ 利用 COUNT 函数自动求出全班总人数。
> ➢ 利用 COUNTIF 函数分别求出男生人数和女生人数。

● 工作表的打印

将制作好的"学生成绩统计表"进行页面设置，最后打印出来。项目实施结束后的效果图如图 9-1 所示。

学生成绩统计表

班级：计算机应用143012班

学号	姓名	性别	Java	高职英语	大学语文	网页设计	数据库开发	心理学	军事理论	形势与政策	总分	排名	奖学金
2014001	黄钱锁	男	92	70	95	90	95	65	79	95	681	1	奖学金
2014002	周宇	男	60	71	75	60	60	75	77	75	553	15	无
2014003	赵鑫	男	60	70	23	60	45	75	79	75	487	18	无
2014004	杨艳琳	女	96	57	75	66	95	75	83	75	622	11	无
2014005	孙秉智	男	41	90	85	66	60	75	77	85	579	13	无
2014006	董晓美	女	41	83	75	66	60	75	85	55	540	16	无
2014007	张传宇	男	73	79	46	66	88	85	77	55	569	14	无
2014008	周赫	女	91	88	95	66	82	75	77	85	659	7	无
2014009	李文强	男	60	88	75	66	78	85	89	85	626	10	无
2014010	包玉山	男	70	75	85	66	32	65	77	55	525	17	无
2014011	杨乐	男	74	88	75	66	92	85	95	85	660	6	无
2014012	王权	男	81	90	85	66	82	75	89	95	663	5	无
2014013	谢磊	男	81	90	95	74	78	75	85	55	633	9	无
2014014	张小梅	女	82	92	95	74	70	75	89	95	672	3	奖学金
2014015	马金磊	男	60	75	85	74	65	75	89	95	618	12	无
2014016	李宏欣	女	65	83	75	66	80	85	95	85	634	8	无
2014017	李文棠	男	91	89	85	68	95	75	87	85	675	2	奖学金
2014018	包丽丽	女	90	90	79	80	82	75	89	85	670	4	无
平均成绩			72.67	81.51	77.94	68.89	74.39	76.11	84.33	78.89			
单科成绩最高值			96	92	95	90	95	85	95	95	总人数		18
单科成绩最低值			41	57	23	60	32	65	77	55	男生人数		12
单科成绩普通值			60	90	75	66	75	75	77	85	女生人数		6

图 9-1　实施效果图

9.1　Excel 2010 的公式和函数

在项目 8 的学习中，我们接触到了求和函数，其实，Excel 2010 的函数可不止这一个，函数作为Excel处理数据的一个最重要手段，功能是十分强大的，在生活和工作实践中可以有多种应用。在本项目中，大家跟着小李同学一起来认识Excel 2010 的公式和函数吧！

9.1.1　制作学生成绩统计表

（1）按科目向表中输入成绩，如图 9-2 所示。

	A	B	C	D	E	F	G	H	I	J	K
1	学生成绩统计表										
2	班级：计算机应用143012班										
3	学号	姓名	性别	Java	高职英语	大学语文	网页设计	数据库开发	心理学	军事理论	形势与政策
4	2014001	黄钱锁	男	92	70	95	90	95	65	79	95
5	2014002	周宇	男	60	71	75	60	60	75	77	75
6	2014003	赵鑫	男	60	70	23	60	45	75	79	75
7	2014004	杨艳琳	女	96	57	75	66	95	75	83	75
8	2014005	孙秉智	男	41	90	85	66	60	75	77	85
9	2014006	董晓美	女	41	83	75	66	60	75	85	55
10	2014007	张传宇	男	73	79	46	66	88	85	77	55
11	2014008	周赫	女	91	88	95	66	82	75	77	85
12	2014009	李文强	男	60	88	75	66	78	85	89	85
13	2014010	包玉山	男	70	75	85	66	32	65	77	55
14	2014011	杨乐	男	74	88	75	66	92	85	95	85
15	2014012	王权	男	81	90	85	66	82	75	89	95
16	2014013	谢磊	男	81	90	95	74	78	75	85	55
17	2014014	张小梅	女	82	92	95	74	70	75	89	95
18	2014015	马金磊	男	60	75	85	74	65	75	89	95
19	2014016	李宏欣	女	65	83	75	66	80	85	95	85
20	2014017	李文棠	男	91	89	85	68	95	75	87	85
21	2014018	包丽丽	女	90	90	79	80	82	75	89	85

图 9-2　输入"学生成绩统计表"的数据

（2）设置字体和单元格格式（合并、对齐方式等），如图 9-3 所示。

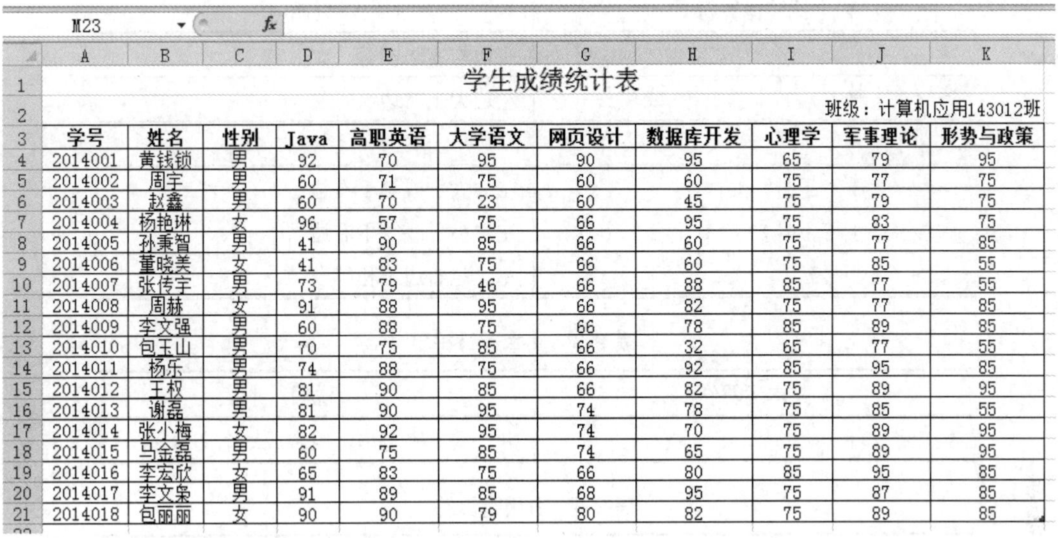

図 9-3　设置字体和单元格格式

9.1.2　利用求和函数

在利用函数计算总成绩之前，让我们先来认识一下 Excel 2010 的公式吧。

1. 公式

在 Excel 中，公式既可以进行简单的＋、－、×、÷等四则运算，也可以引用其他单元格中的数据。公式即是计算工作表的数据等式，以"="开始。除可以用＋、－、*、/之类的算术运算符构建公式外，还可以使用文本字符串，或与数据相结合，运用＞、＜之类的比较运算符，比较单元格内的数据。因此，Excel 公式并不局限于公式的计算，还可以用于其他情况中。

（1）公式中的运算符

公式中常用的运算符有如下 4 种类型，参见表 9-1 至表 9-4。

表 9-1　算术运算符

算术运算符	说明
＋	加法
－	减法
*	乘法
/	除法
%	百分比
^	乘方

表9-2　比较运算符

比较运算符	说明
＝（等号）	左边与右边相等
＞（大于号）	左边大于右边
＜（小于号）	左边小于右边
＞＝（大于等于号）	左边大于或等于右边
＜＝（小于等于号）	左边小于或等于右边
＜＞（不等号）	左边与右边不相等

表9-3　文本运算符

文本运算符	说明
&（结合）	多个文本字符串，组合成一个文本显示

表9-4　引用运算符

引用运算符	说明
，（逗号）	引用不相邻的多个单元格区域
：（冒号）	引用相邻的多个单元格区域
（空格）	引用选定的多个单元格的交叉区域

下面举个例子来说明引用运算符的使用方法，如图9-4所示。

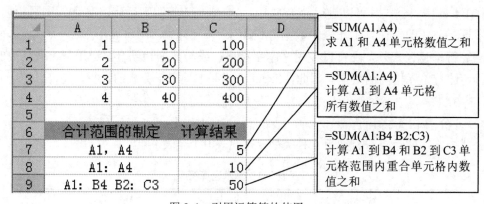

图9-4　引用运算符的使用

（2）运算符的优先级

运算符这么多，在使用的过程中，它们是有优先级区别的，见表9-5。

表9-5　运算符优先级

优先级	运算种类
1	％（百分号）
2	∧

续表

优先级	运算种类
3	* 或 /
4	+ 或 -
5	&
6	使用 = 、<、>、<=、>=、≠等的比较

运算符优先级示例

=10+4*2（答案：18）

=(10+4)*2（答案：28）

（3）各种公式的例子。

图 9-5 中是介绍各种公式的例子。如果在单元格中指定公式，通常情况下它的计算结果会被显示在指定单元格中。

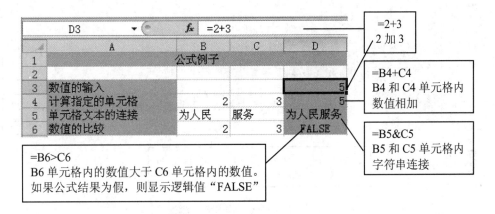

图 9-5　指定单元格实例

2. 公式的输入

在 Excel 中，可以利用公式进行各种运算。输入公式的步骤如下：

（1）选中需要显示计算结果的单元格。

（2）在单元格内先输入 "="。

（3）输入公式。

（4）按 Enter 键。

从键盘直接输入公式时，选中需显示计算结果的单元格，并在单元格内先输入 "="。如果不输入 "="，输入的公式和文字则不能显示，也不能得出计算结果，所以必须注意。另外，在公式中也可以引用单元格，而且可以引用包含有数据的单元格，在修改单元格中的数据后，不需要修改公式。

在公式中引用单元格时，单击相应的单元格（选中的单元格区域）比直接输入数据简单，选定的单元格被原样插入到公式中。另外，输入公式后，任何时候都可以在编辑栏中进行修改。

如果有多余的公式，选中单元格，按 Delete 键即可。

可以在公式中直接输入数值，也可以用公式引用输入数值的单元格，如图 9-6 所示。

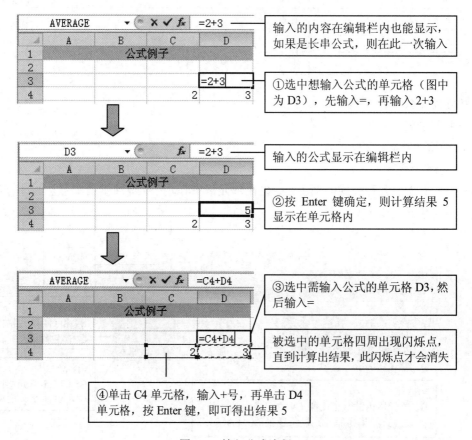

图 9-6　输入公式流程

3. 公式的修改

修改输入完成的公式时，先选中输入公式的单元格，然后在编辑栏内直接编辑公式。如图 9-7 所示。

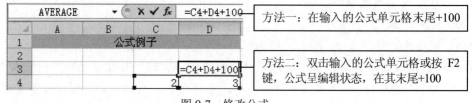

图 9-7　修改公式

4. 公式的删除

选中输入有公式的单元格，按 Delete 键，可删除不需要的公式。如果要删除输入在多个单元格中的公式，先选中多个单元格再执行此操作，如图 9-8 所示。

图 9-8   删除公式

5. 公式的复制

当需要在多个单元格中输入相同的公式时，通过复制公式更快捷方便。在默认状态下，复制公式时，需保持复制的单元格数目一致，而公式中引用的单元格会自动改变。在单元格中复制公式，有使用自动填充方式和复制命令两种方法。若是把公式复制在相邻的单元格，使用自动填充方式更快捷方便。

公式复制主要有以下两种方式：

（1）使用自动填充方式复制。拖动单元格右下角的填充柄，能简单地复制输入在单元格中的公式。如图 9-9 所示，是把单元格 C3 中的公式复制到 C4 和 C5 单元格中。

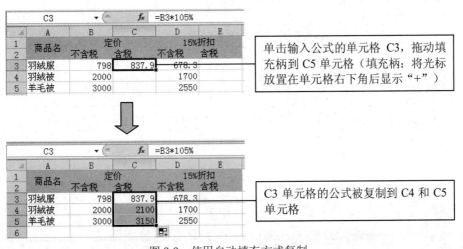

图 9-9   使用自动填充方式复制

（2）使用复制命令复制，如图 9-10 所示。

图 9-10   使用复制命令复制

6. 单元格的引用

如果是在 Excel 的默认状态下输入公式，公式中引用的单元格会与复制位置的单元格保持一致，进行相应改变，则所进行的引用称为"相对引用"。如果只复制公式，而不想改变引用的单元格，此时，一般引用特定的单元格，这种引用称为"绝对引用"。"绝对引用"前面要带有"$"符号。

（1）相对引用，如图 9-11 所示。

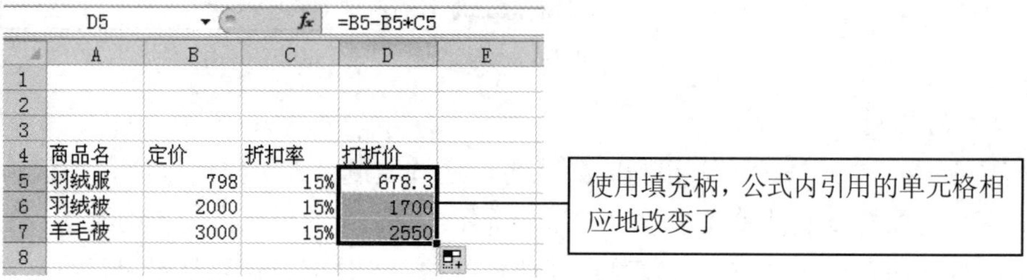

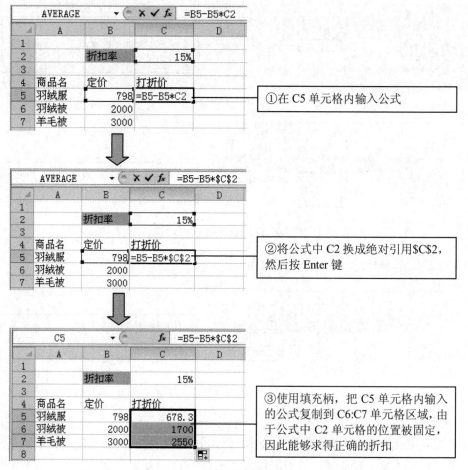

图 9-11　相对引用

（2）绝对引用，如图 9-12 所示。

在 C5 单元格中输入"定价－定价*折扣率"公式，然后把它复制到下面的单元格。无论什么产品它的折扣率都得引用 C2 单元格，因此"绝对引用" C2 单元格。"绝对引用"中引用的单元格即使复制，它的单元格地址也不会变。

图 9-12　"绝对引用"流程

了解了公式的用法，我们再来了解一下 Excel 2010 的函数。

7. 函数

Excel 中可以进行各种各样的计算，一般都需要引用几个函数，才能进行相对复杂的计算。在公式开头先输入"="号，然后再输入函数名，在函数名后加()号即可输入函数。参数是计算和处理的必要条件，类型和内容会因函数而不同。

选中输入公式的单元格，在编辑栏内就会出现函数公式，计算结果则显示在单元格中。

（1）函数表示，如图 9-13 所示。

图 9-13　函数表示

（2）函数结构如下：

$$=SUM(D2:D4)$$

等号
在函数的开头必须加等号，如果没有，就会被看作是独立的文本，不能进行函数处理

函数名
函数名称，可以用小写输入，确定后自动变为大写

参数
函数的运算或处理对象必须是数据。单元格引用使用引用运算符

（3）函数分类

Excel 中有 300 多种函数。按涉及内容和利用方法可分为以下 11 种类型，如表 9-6 所示。

表 9-6　函数的分类

类型	涉及内容	函数符号
数学与三角	包含使用频率高的求和函数和数学计算函数。求和、乘方等四则运算，以及四舍五入、舍去数字等的零数处理及符号的变化等	SUM、ROUND、ROUNDUP、ROUNDDOWN、PRODUCT、INT、SIGN、ABS 等
统计	求数学统计的函数。除可求数学的平均值、中值、众数外，还可求方差、标准偏差等	AVERAGE、RANK、MEDIAN、MODE、VAR、STDEV 等
日期与时间	计算日期和时间函数。年月日的显示格式和日期数据序列值之间的相互转换，也可求当前日期或时间的函数	DATE、TIME、TODAY、NOW、EMONTH、EDATE 等
逻辑	根据是否满足条件进行不同处理的 IF 函数，及在逻辑表述中被利用的函数	IF、AND、OR、NOT、TRUE、FALSE 等
查找与引用	从表格或数组中提取指定行或列中的数值，推断出包含目标值的单元格位置	VLOOKUP、HLOOKUP、INDIRECT、ADDRESS、COLUMN、ROW 等

续表

类型	涉及内容	函数符号
文本	用大小写、全半角转换字符，在指定位置提取某些字符等，用各种方法操作字符串的函数分类	ASC、UPPER、LOWER、LEFT、RIGHT、MID、LEN 等
财务	计算贷款支付额或存款到期支付额等，或与财务相关的函数。也包含求利率或余额递减折旧费等函数	PMT、IPMT、PPMT、FV、PV、RATE、DB 等
信息	检测单元格内包含的数据类型，求错误值种类的函数。也包含求单元格位置和格式等的信息或收集操作环境信息的函数	ISERROR、ISBLANK、ISTEXT、ISNUMBER、NA、CELL、INFO 等
数据库	从数据清单或数据库中提取符合给定条件数据的函数	DSUM、DAVERAGE、DMAX、DMIN、DSTDEV 等
工程	专门计算用于科学与工程的函数。复数的计算或将数值换算到 N 进制的函数、关于贝塞尔函数的计算、单位转换的函数	BIN2DEC、COMPLEX、IMREAL、IMAGINARY、BESSELJ、CONVERT 等
外部	为利用外部数据库而设置的函数，也包含将数值换算成欧洲单位的函数	EURCONVERT、SQL.REQUEST 等

8. 输入自动求和函数

输入函数有使用“插入函数”对话框和在单元格中直接输入函数公式两种方法。当不清楚参数顺序和内容，或不清楚使用何种函数来处理时，可使用“插入函数”对话框的方法输入函数。此时，会自动输入用于区分同一类型参数的“,”和加双引号的文本。如果是经常使用的函数，一般能记住参数的顺序和指定方法，所以直接在单元格中输入比较方便。

利用求和函数自动计算每位学生的总成绩。

（1）在“学生成绩统计表”中插入“总分”列，选择需要输入函数的单元格，单击“插入函数”按钮（也可使用“自动求和”按钮），如图 9-14 所示。

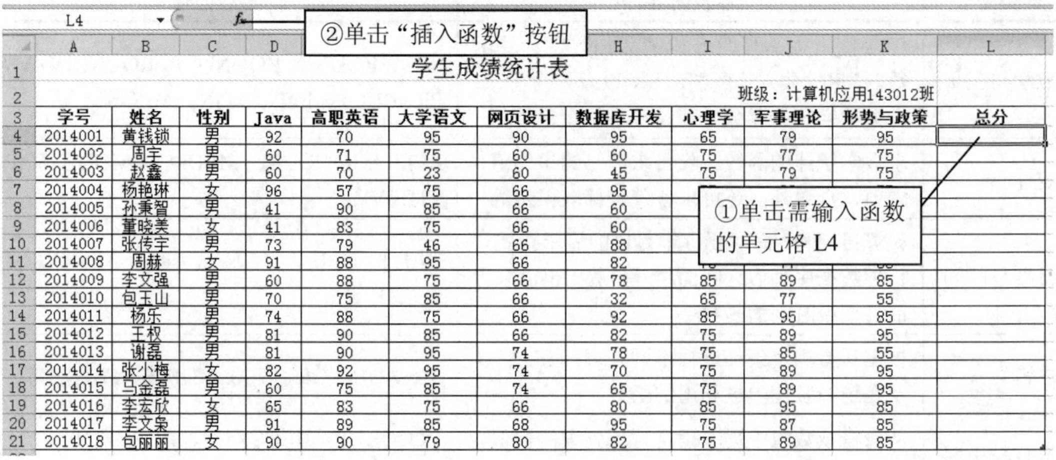

学生成绩统计表

班级：计算机应用143012班

学号	姓名	性别	Java	高职英语	大学语文	网页设计	数据库开发	心理学	军事理论	形势与政策	总分
2014001	黄钱锁	男	92	70	95	90	95	65	79	95	
2014002	周宇	男	60	71	75	60	60	75	77	75	
2014003	赵鑫	男	60	70	23	60	45	75	79	75	
2014004	杨艳琳	女	96	57	75	66	95	[illegible]	[illegible]	[illegible]	
2014005	孙秉智	男	41	90	85	66	60	[illegible]	[illegible]	[illegible]	
2014006	董晓美	女	41	83	75	66	60	[illegible]	[illegible]	[illegible]	
2014007	张传宇	男	73	79	46	66	88	[illegible]	[illegible]	[illegible]	
2014008	周赫	女	91	88	95	66	82	[illegible]	[illegible]	[illegible]	
2014009	李文强	男	60	88	75	66	78	85	89	85	
2014010	包玉山	男	70	75	85	66	32	65	77	55	
2014011	杨乐	男	74	88	75	66	92	85	95	85	
2014012	王权	男	81	90	85	66	82	75	89	95	
2014013	谢磊	男	81	90	95	74	78	75	85	55	
2014014	张小梅	女	82	92	95	74	70	75	89	95	
2014015	马金磊	男	60	75	85	74	65	75	89	95	
2014016	李宏欣	女	65	83	75	66	80	85	95	85	
2014017	李文枭	男	91	89	85	68	95	75	87	85	
2014018	包丽丽	女	90	90	79	80	82	75	89	85	

图 9-14 插入“总分”列

（2）在弹出的"插入函数"对话框中选择 SUM 函数，如图 9-15 所示。

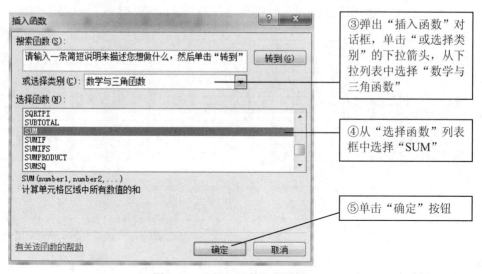

图 9-15　"插入函数"对话框

（3）在"函数参数"对话框中设置求和范围，如图 9-16 所示。

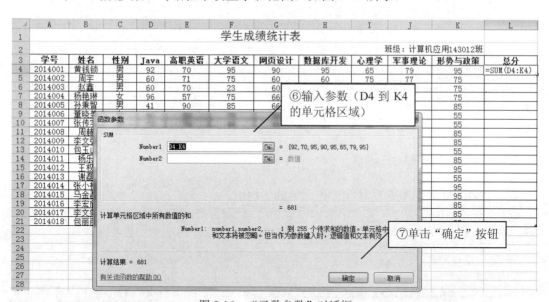

图 9-16　"函数参数"对话框

（4）单元格显示输出结果，使用填充柄将结果复制到 L5:L21 单元格区域中，如图 9-17 所示。

除了上述方法外，也可以在单元格 L4 中直接输入求和函数 SUM，如图 9-18 所示。

其实，在任何时候都可以修改编辑栏内的函数内容，但必须注意符号或拼写错误。也可以选中显示在单元格内的彩色参数，修改参数的单元格区域。如果已确定彩色参数的四角，就可以一边确定单元格区域，一边扩大或缩小参数单元格区域。另外，选定输入函数的单元格，按 Delete 键即可删除输入的函数。

学生成绩统计表

班级：计算机应用143012班

学号	姓名	性别	Java	高职英语	大学语文	网页设计	数据库开发	心理学	军事理论	形势与政策	总分
2014001	黄钱锁	男	92	70	95	90	95	65	79	95	681
2014002	周宇	男	60	71	75	60	60	75	77	75	553
2014003	赵鑫	男	60	70	23	60	45	75	79	75	487
2014004	杨艳琳	女	96	57	75	66	95	75	83	75	622
2014005	孙秉智	男	41	90	85	66	60	75	77	85	579
2014006	董晓美	女	41	83	75	66	60	75	85	55	540
2014007	张传宇	男	73	79	46	66	88	85	77	55	569
2014008	周赫	女	91	88	95	66	82	75	77	85	659
2014009	李文强	男	60	88	75	66	78	85	89	85	626
2014010	包玉山	男	70	75	85	66	32	65	77	55	525
2014011	杨乐	男	74	88	75	66	92	85	95	85	660
2014012	王权	男	81	90	85	66	82	75	89	95	663
2014013	谢磊	男	81	90	95	74	78	75	85	55	633
2014014	张小梅	女	82	92	95	74	70	75	89	95	672
2014015	马金磊	男	60	75	85	74	65	75	89	95	618
2014016	李宏欣	女	65	83	75	66	80	85	95	85	634
2014017	李文象	男	91	89	85	68	95	75	87	85	675
2014018	包丽丽	女	90	90	79	80	82	75	89	85	670

图 9-17　单元格显示输出结果

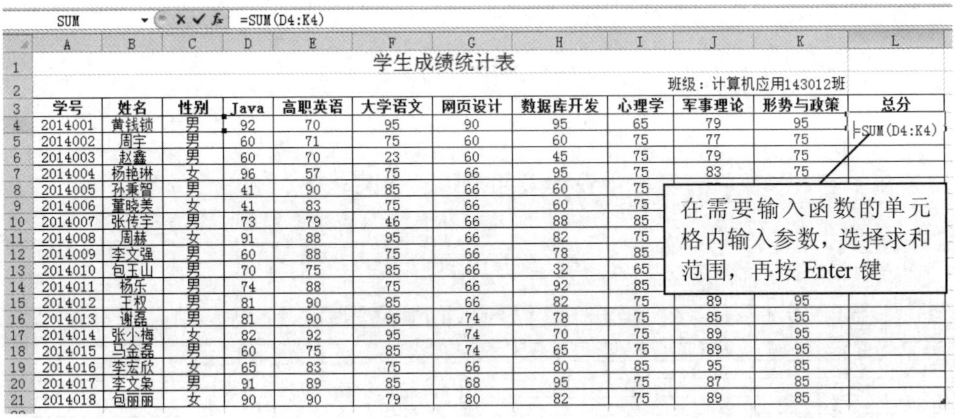

SUM =SUM(D4:K4)

学生成绩统计表

班级：计算机应用143012班

学号	姓名	性别	Java	高职英语	大学语文	网页设计	数据库开发	心理学	军事理论	形势与政策	总分
2014001	黄钱锁	男	92	70	95	90	95	65	79	95	=SUM(D4:K4)
2014002	周宇	男	60	71	75	60	60	75	77	75	
2014003	赵鑫	男	60	70	23	60	45	75	79	75	
2014004	杨艳琳	女	96	57	75	66	95	75	83	75	
2014005	孙秉智	男	41	90	85	66	60	75			
2014006	董晓美	女	41	83	75	66	60	75			
2014007	张传宇	男	73	79	46	66	88	85			
2014008	周赫	女	91	88	95	66	82	75			
2014009	李文强	男	60	88	75	66	78	85			
2014010	包玉山	男	70	75	85	66	32	65			
2014011	杨乐	男	74	88	75	66	92	85			
2014012	王权	男	81	90	85	66	82	75	89	95	
2014013	谢磊	男	81	90	95	74	78	75	85	55	
2014014	张小梅	女	82	92	95	74	70	75	89	95	
2014015	马金磊	男	60	75	85	74	65	75	89	95	
2014016	李宏欣	女	65	83	75	66	80	85	95	85	
2014017	李文象	男	91	89	85	68	95	75	87	85	
2014018	包丽丽	女	90	90	79	80	82	75	89	85	

在需要输入函数的单元格内输入参数，选择求和范围，再按 Enter 键

图 9-18　在单元格中直接输入求和函数 SUM

9.1.3　利用 AVERAGE 函数

利用 AVERAGE 函数自动计算单科成绩的平均值。

（1）在"学生成绩统计表"中添加"平均成绩"行，如图 9-19 所示。

B5 周宇

学生成绩统计表

班级：计算机应用143012班

学号	姓名	性别	Java	高职英语	大学语文	网页设计	数据库开发	心理学	军事理论	形势与政策	总分
2014001	黄钱锁	男	92	70	95	90	95	65	79	95	681
2014002	周宇	男	60	71	75	60	60	75	77	75	553
2014003	赵鑫	男	60	70	23	60	45	75	79	75	487
2014004	杨艳琳	女	96	57	75	66	95	75	83	75	622
2014005	孙秉智	男	41	90	85	66	60	75	77	85	579
2014006	董晓美	女	41	83	75	66	60	75	85	55	540
2014007	张传宇	男	73	79	46	66	88	85	77	55	569
2014008	周赫	女	91	88	95	66	82	75	77	85	659
2014009	李文强	男	60	88	75	66	78	85	89	85	626
2014010	包玉山	男	70	75	85	66	32	65	77	55	525
2014011	杨乐	男	74	88	75	66	92	85	95	85	660
2014012	王权	男	81	90	85	66	82	75	89	95	663
2014013	谢磊	男	81	90	95	74	78	75	85	55	633
2014014	张小梅	女	82	92	95	74	70	75	89	95	672
2014015	马金磊	男	60	75	85	74	65	75	89	85	618
2014016	李宏欣	女	65	83	75	66	80	85	95	85	634
2014017	李文象	男	91	89	85	68	95	75	87	85	675
2014018	包丽丽	女	90	90	79	80	82	75	89	85	670
平均成绩											

图 9-19　插入"平均成绩"行

（2）选择"AVERAGE"函数，如图 9-20 所示。

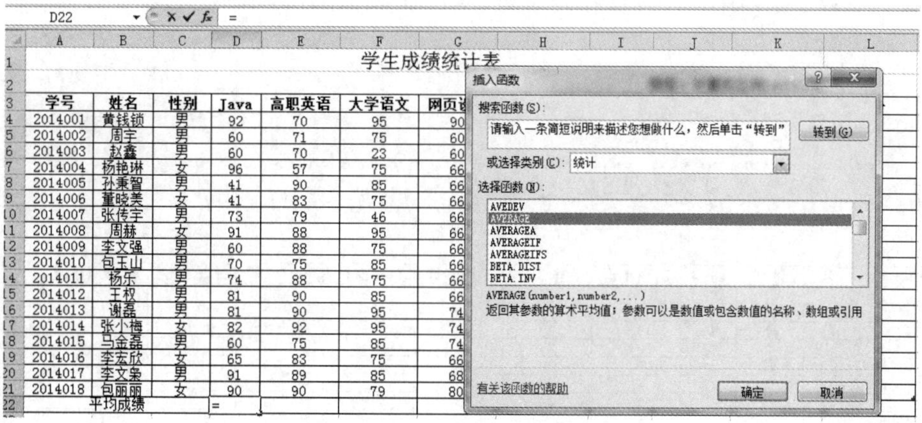

图 9-20　选择"AVERAGE"函数

（3）选择需要求平均值的数据范围，如图 9-21 所示。

图 9-21　选择数据范围

（4）单元格显示结果后，利用填充柄复制到 E22:K22 单元格区域中，如图 9-22 所示。

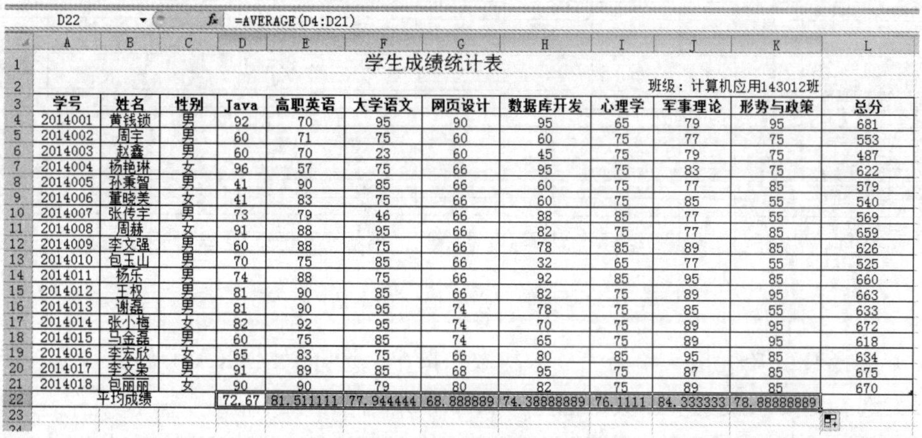

学号	姓名	性别	Java	高职英语	大学语文	网页设计	数据库开发	心理学	军事理论	形势与政策	总分
2014001	黄钱锁	男	92	70	95	90	95	65	79	79	681
2014002	周宇	男	60	71	75	60	60	75	77	75	553
2014003	赵鑫	男	60	70	23	60	45	75	79	75	487
2014004	杨艳琳	女	96	57	75	66	75	75	83	75	622
2014005	孙秉智	男	41	90	85	66	60	75	77	85	579
2014006	董晓美	女	41	83	75	66	60	75	85	55	540
2014007	张传宇	男	73	79	46	66	88	75	77	55	569
2014008	周赫	女	91	88	95	66	82	75	77	85	659
2014009	李文强	男	60	88	75	66	78	75	89	85	626
2014010	包玉山	男	70	75	85	66	32	65	77	55	525
2014011	杨乐	男	74	88	75	66	92	75	95	85	660
2014012	王权	男	81	90	85	66	82	75	89	95	663
2014013	谢磊	男	81	90	95	74	78	75	85	55	633
2014014	张小梅	女	82	92	95	74	75	75	89	95	672
2014015	马金磊	男	60	75	85	74	65	75	89	95	618
2014016	李宏欣	女	65	83	75	66	80	65	95	85	634
2014017	李文象	男	91	89	85	68	95	75	87	85	675
2014018	包丽丽	女	90	90	79	80	80	75	85	85	670
平均成绩			72.67	81.511111	77.944444	68.888889	74.38888889	76.1111	84.333333	78.88888889	

图 9-22　单元格显示结果

（5）将计算的"平均成绩"结果取两位小数。选择需要调整小数位数的单元格，单击"开始"选项卡"数字"组中的"减少小数位数"按钮，如图 9-23 所示。

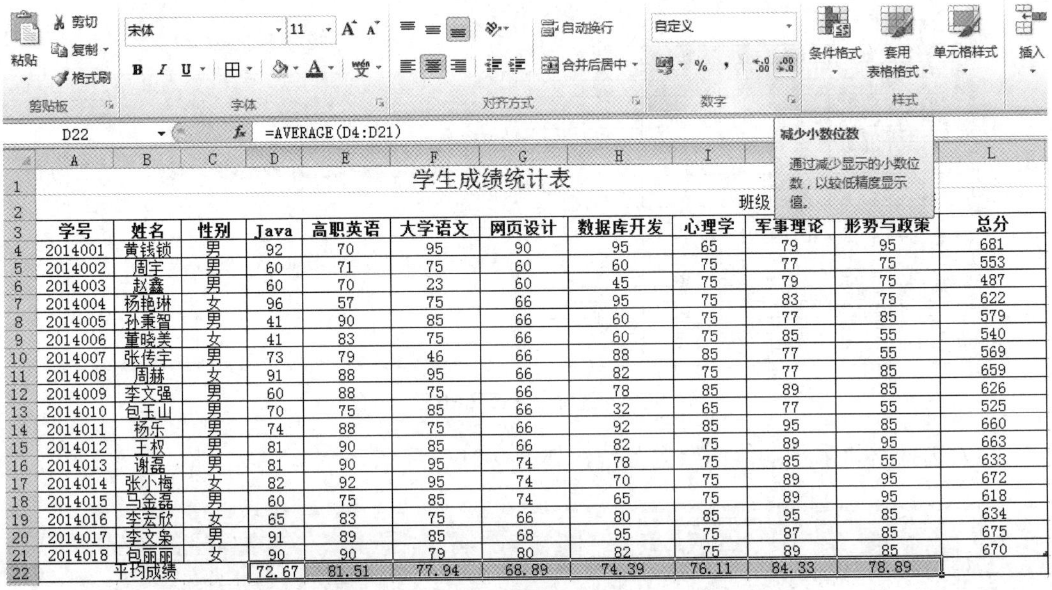

图 9-23　单元格显示结果保留两位小数

9.1.4　利用 MAX/MIN 函数

利用 MAX/MIN 函数自动计算每个科目的最高成绩和最低成绩。

（1）在"学生成绩统计表"中添加"单科成绩最高值"一行，如图 9-24 所示。

图 9-24　插入"单科成绩最高值"一行

（2）选择 D23 单元格，单击"插入函数"按钮，选择"MAX"函数，如图 9-25 所示。

（3）选择需要求最大值的数据范围，如图 9-26 所示。

（4）单元格显示结果后，利用填充柄复制到 E23:K23 单元格区域中，如图 9-27 所示。

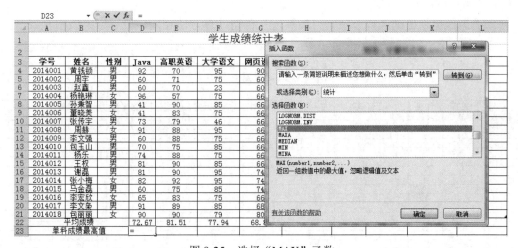

图 9-25 选择"MAX"函数

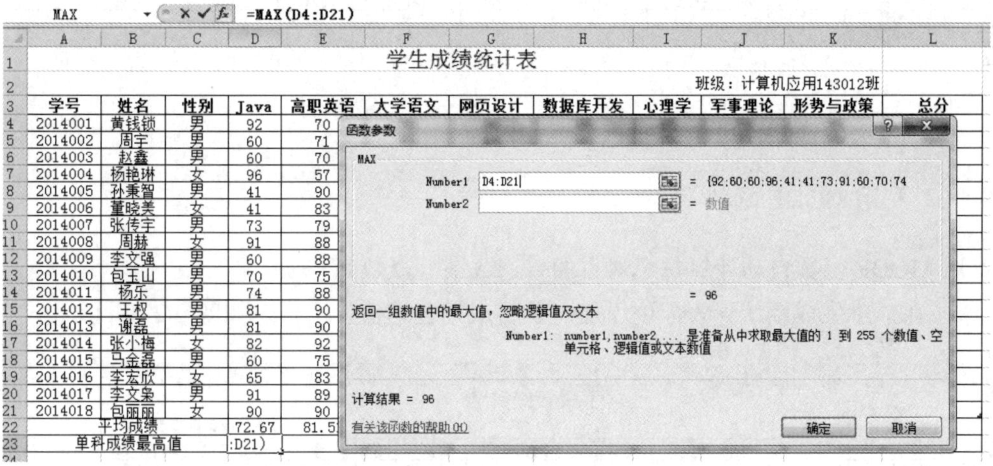

图 9-26 选择数据范围

学号	姓名	性别	Java	高职英语	大学语文	网页设计	数据库开发	心理学	军事理论	形势与政策	总分
2014001	黄钱锁	男	92	70	95	90	95	65	79	95	681
2014002	周宇	男	60	71	75	60	60	75	77	75	553
2014003	赵鑫	男	60	70	23	60	45	75	79	75	487
2014004	杨艳琳	女	96	57	75	66	95	75	83	75	622
2014005	孙秉智	男	41	90	85	66	60	75	77	85	579
2014006	董晓美	女	41	83	75	66	60	75	85	55	540
2014007	张传宇	男	73	79	46	66	88	85	77	55	569
2014008	周赫	女	91	88	95	66	82	75	77	85	659
2014009	李文强	男	60	88	85	66	78	85	79	85	626
2014010	包玉山	男	70	75	85	66	32	65	77	55	525
2014011	杨乐	男	74	88	75	66	92	85	95	85	660
2014012	王权	男	81	90	85	66	82	75	89	95	663
2014013	谢磊	男	81	90	95	74	78	75	85	95	633
2014014	张小梅	女	82	92	75	74	70	75	89	95	672
2014015	马金磊	男	60	75	85	74	65	75	89	95	618
2014016	李宏欣	女	65	83	75	66	80	85	95	85	634
2014017	李文枭	男	91	89	85	66	95	75	89	85	675
2014018	包丽丽	女	90	90	79	80	82	75	89	85	670
平均成绩			72.67	81.51	77.94	68.89	74.39	76.11	84.33	78.89	
单科成绩最高值			96	92	95	90	95	85	95	95	

图 9-27 单元格显示输出结果

（5）"最低值"自动计算方法与"最高值"自动计算方法相同。最后结果如图 9-28 所示。

				D24	▼	fx	=MIN(D4:D21)				
	A	B	C	D	E	F	G	H	I	J	K	L
1							学生成绩统计表					
2										班级：计算机应用143012班		
3	学号	姓名	性别	Java	高职英语	大学语文	网页设计	数据库开发	心理学	军事理论	形势与政策	总分
4	2014001	黄钱锁	男	92	70	95	90	95	65	79	95	681
5	2014002	周宇	男	60	71	75	60	60	75	77	75	553
6	2014003	赵鑫	男	60	70	23	60	45	75	79	75	487
7	2014004	杨艳琳	女	96	57	75	66	95	75	83	75	622
8	2014005	孙秉智	男	41	90	85	66	60	75	77	85	579
9	2014006	董晓美	女	41	83	75	66	60	75	85	55	540
10	2014007	张传宇	男	73	79	46	66	88	85	77	55	569
11	2014008	周赫	女	91	88	95	66	82	75	77	85	659
12	2014009	李文强	男	60	88	75	66	78	85	89	85	626
13	2014010	包玉山	男	70	75	85	66	32	65	77	55	525
14	2014011	杨乐	男	74	88	75	66	92	85	95	85	660
15	2014012	王权	男	81	90	85	66	82	75	89	95	663
16	2014013	谢磊	男	81	90	95	74	78	75	85	55	633
17	2014014	张小梅	女	82	92	95	74	70	75	89	95	672
18	2014015	马金磊	男	60	75	85	74	65	75	89	95	618
19	2014016	李宏欣	女	65	83	75	66	80	85	95	85	634
20	2014017	李文条	男	91	89	85	68	95	75	87	85	675
21	2014018	包丽丽	女	90	90	79	80	82	75	89	85	670
22	平均成绩			72.67	81.51	77.94	68.89	74.39	76.11	84.33	78.89	
23	单科成绩最高值			96	92	95	90	95	85	95	95	
24	单科成绩最低值			41	57	23	60	32	65	77	55	
25												
26												

图 9-28　单元格显示"最低值"输出结果

9.1.5　利用 MODE 函数

利用 MODE 函数自动计算每个科目的普遍成绩（众数）。

（1）在"学生成绩统计表"中添加"单科成绩普遍值"一行，如图 9-29 所示。

	A	B	C	D	E	F	G	H	I	J	K	L
1							学生成绩统计表					
2										班级：计算机应用143012班		
3	学号	姓名	性别	Java	高职英语	大学语文	网页设计	数据库开发	心理学	军事理论	形势与政策	总分
4	2014001	黄钱锁	男	92	70	95	90	95	65	79	95	681
5	2014002	周宇	男	60	71	75	60	60	75	77	75	553
6	2014003	赵鑫	男	60	70	23	60	45	75	79	75	487
7	2014004	杨艳琳	女	96	57	75	66	95	75	83	75	622
8	2014005	孙秉智	男	41	90	85	66	60	75	77	85	579
9	2014006	董晓美	女	41	83	75	66	60	75	85	55	540
10	2014007	张传宇	男	73	79	46	66	88	85	77	55	569
11	2014008	周赫	女	91	88	95	66	82	75	77	85	659
12	2014009	李文强	男	60	88	75	66	78	85	89	85	626
13	2014010	包玉山	男	70	75	85	66	32	65	77	55	525
14	2014011	杨乐	男	74	88	75	66	92	85	95	85	660
15	2014012	王权	男	81	90	85	66	82	75	89	95	663
16	2014013	谢磊	男	81	90	95	74	78	75	85	55	633
17	2014014	张小梅	女	82	92	95	74	70	75	89	95	672
18	2014015	马金磊	男	60	75	85	74	65	75	89	95	618
19	2014016	李宏欣	女	65	83	75	66	80	85	95	85	634
20	2014017	李文条	男	91	89	85	68	95	75	87	85	675
21	2014018	包丽丽	女	90	90	79	80	82	75	89	85	670
22	平均成绩			72.67	81.51	77.94	68.89	74.39	76.11	84.33	78.89	
23	单科成绩最高值			96	92	95	90	95	85	95	95	
24	单科成绩最低值			41	57	23	60	32	65	77	55	
25	单科成绩普遍值											

图 9-29　插入"单科成绩普遍值"一行

（2）选择 D25 单元格，单击"插入函数"按钮，选择"MODE"函数，如图 9-30 所示。

（3）选择需要求普遍值的数据范围，如图 9-31 所示。

（4）单元格显示结果后，利用填充柄复制到 E25:K25 单元格区域中，如图 9-32 所示。

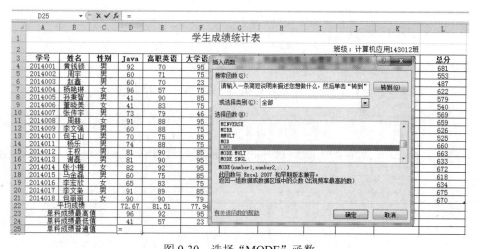

图 9-30　选择"MODE"函数

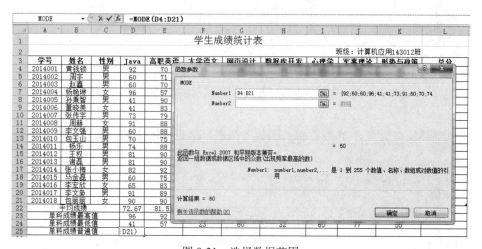

图 9-31　选择数据范围

学号	姓名	性别	Java	高职英语	大学语文	网页设计	数据库开发	心理学	军事理论	形势与政策	总分
2014001	黄钱锁	男	92	70	95	90	95	65	79	95	681
2014002	周宇	男	60	71	75	60	60	75	77	75	553
2014003	赵鑫	男	60	70	23	60	45	75	79	75	487
2014004	杨艳琳	女	96	57	75	66	95	75	83	75	622
2014005	孙秉智	男	41	90	85	66	60	75	77	85	579
2014006	董晓美	女	41	83	75	66	60	75	85	55	540
2014007	张传宇	男	73	79	46	66	88	85	77	55	569
2014008	周赫	女	91	88	95	66	82	75	77	85	659
2014009	李文强	男	60	88	75	66	78	85	89	85	626
2014010	包玉山	男	70	75	85	66	32	65	77	55	525
2014011	杨乐	男	74	88	75	66	92	85	95	85	660
2014012	王权	男	81	90	85	66	82	75	89	95	663
2014013	谢磊	男	81	90	95	74	78	75	85	55	633
2014014	张小梅	女	82	92	75	74	70	75	89	95	672
2014015	马金磊	男	60	75	85	74	65	75	89	95	618
2014016	李宏欣	女	65	83	75	66	80	85	85	95	634
2014017	李文枭	男	91	89	85	68	95	75	87	85	675
2014018	包丽丽	女	90	90	79	80	80	75	85	85	670
平均成绩			72.67	81.51	77.94	68.89	74.39	76.11	84.33	78.89	
单科成绩最高值			96	92	95	90	95	85	95	95	
单科成绩最低值			41	57	23	60	32	65	77	55	
单科成绩普遍值			60	90	75	66	95	75	77	85	

图 9-32　单元格显示输出结果

9.1.6　利用 RANK 函数

利用 RANK 函数按学生总分由高到低自动计算排名。

（1）在"学生成绩统计表"中添加"排名"列，如图 9-33 所示。

	A	B	C	D	E	F	G	H	I	J	K	L	M
1						学生成绩统计表							
2										班级：计算机应用143012班			
3	学号	姓名	性别	Java	高职英语	大学语文	网页设计	数据库开发	心理学	军事理论	形势与政策	总分	排名
4	2014001	黄钱锁	男	92	70	95	90	95	65	79	95	681	
5	2014002	周宇	男	60	71	75	60	60	75	77	75	553	
6	2014003	赵鑫	男	60	70	23	60	45	75	79	75	487	
7	2014004	杨艳琳	女	96	57	75	66	95	75	83	75	622	
8	2014005	孙秉智	男	41	90	85	66	60	75	77	85	579	
9	2014006	董晓美	女	41	83	75	66	60	75	85	55	540	
10	2014007	张传宇	男	73	79	46	66	88	85	77	55	569	
11	2014008	周赫	女	91	88	95	82	75	77	77	85	659	
12	2014009	李文强	男	60	88	75	66	78	85	89	85	626	
13	2014010	包王山	男	70	75	85	66	32	65	77	55	525	
14	2014011	杨乐	男	74	88	75	66	92	85	95	85	660	
15	2014012	王权	男	81	90	85	66	82	75	89	95	663	
16	2014013	谢磊	男	81	90	95	74	78	75	85	55	633	
17	2014014	张小梅	女	82	92	95	74	70	75	89	95	672	
18	2014015	马金磊	男	60	75	85	74	65	75	89	95	618	
19	2014016	李宏欣	女	65	83	75	66	80	85	95	85	634	
20	2014017	李文枭	男	91	89	85	68	95	75	87	85	675	
21	2014018	包丽丽	女	90	90	79	80	82	75	89	85	670	
22		平均成绩		72.67	81.51	77.94	68.89	74.39	76.11	84.33	78.89		
23		单科成绩最高值		96	92	95	90	95	85	95	95		
24		单科成绩最低值		41	57	60	32	65	77	55			
25		单科成绩普遍值		60	90	75	66	95	75	77	85		

图 9-33　插入"排名"一列

（2）选择 M4 单元格，单击"插入函数"按钮，选择"RANK"函数，如图 9-34 所示。

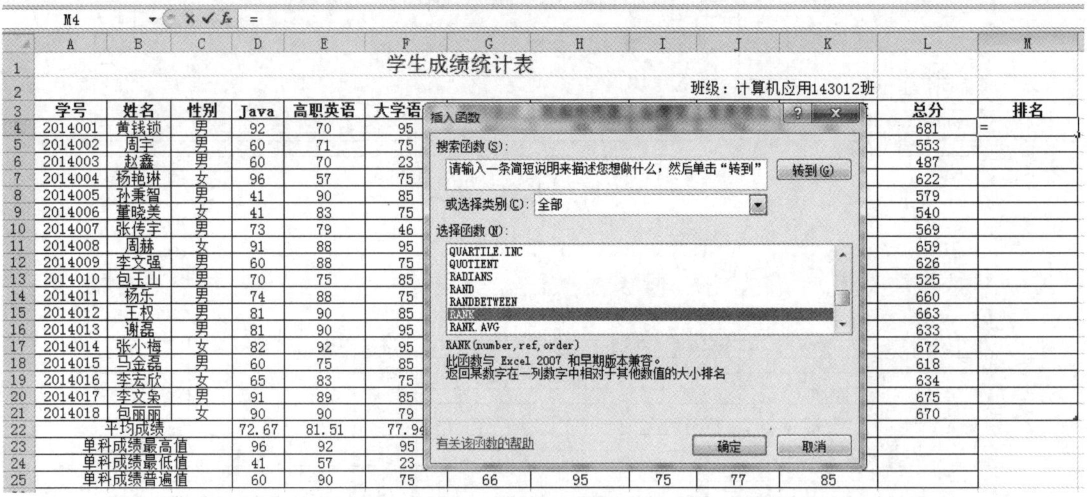

图 9-34　选择"RANK"函数

（3）在"函数参数"对话框的 Number 中选择需要排名的单元格 L4，在 Ref 中选择参与排名的所有单元格 L4:L21。需要注意的是，为了方便使用填充柄，我们需要将 L4:L21 设为"绝对引用"单元格：$L$4:$L$21，如图 9-35 所示。

（4）单元格显示结果后，利用填充柄复制到 M5:M21 中，如图 9-36 所示。

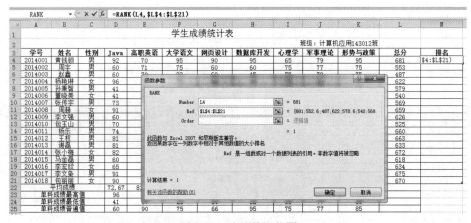

图 9-35　选择数据范围

学号	姓名	性别	Java	高职英语	大学语文	网页设计	数据库开发	心理学	军事理论	形势与政策	总分	排名
2014001	黄钱锁	男	92	70	95	90	95	65	79	95	681	1
2014002	周宇	男	60	71	75	60	60	75	77	75	553	15
2014003	赵鑫	男	60	70	23	60	45	75	79	75	487	18
2014004	杨艳琳	女	96	57	75	66	95	75	83	75	622	11
2014005	孙秉智	男	41	90	85	66	60	75	77	85	579	13
2014006	董晓美	女	41	83	75	66	60	75	85	55	540	16
2014007	张传宇	男	73	79	46	66	88	85	77	55	569	14
2014008	周赫	女	91	88	95	66	82	75	77	85	659	7
2014009	李文强	男	60	88	75	66	78	85	89	85	626	10
2014010	包玉山	男	70	75	85	66	32	65	77	55	525	17
2014011	杨乐	男	74	88	75	66	92	75	95	85	660	6
2014012	王权	男	81	90	85	66	82	75	89	95	663	5
2014013	谢磊	男	81	90	95	74	78	75	85	55	633	9
2014014	张小梅	女	82	92	95	74	70	75	89	95	672	3
2014015	马金磊	男	60	75	85	66	74	85	89	95	618	12
2014016	李宏欣	女	65	83	75	66	80	85	95	55	634	8
2014017	李文奎	男	91	89	85	66	95	75	87	85	675	2
2014018	包丽丽	女	90	90	79	80	82	75	89	85	670	4
平均成绩			72.67	81.51	77.94	68.89	74.39	76.11	84.33	78.89		
单科成绩最高值			96	92	95	90	95	85	95	95		
单科成绩最低值			41	57	23	60	32	65	77	55		
单科成绩普通值			60	90	75	66	95	75	77	85		

图 9-36　单元格显示输出结果

9.1.7　利用 IF 函数

利用 IF 函数给排名前三位的同学标注"奖学金"。

（1）在"学生成绩统计表"中添加"奖学金"一列，如图 9-37 所示。

学号	姓名	性别	Java	高职英语	大学语文	网页设计	数据库开发	心理学	军事理论	形势与政策	总分	排名	奖学金
2014001	黄钱锁	男	92	70	95	90	95	65	79	95	681	1	
2014002	周宇	男	60	71	75	60	60	75	77	75	553	15	
2014003	赵鑫	男	60	70	23	60	45	75	79	75	487	18	
2014004	杨艳琳	女	96	57	75	66	95	75	83	75	622	11	
2014005	孙秉智	男	41	90	85	66	60	75	77	85	579	13	
2014006	董晓美	女	41	83	75	66	60	75	85	55	540	16	
2014007	张传宇	男	73	79	46	66	88	85	77	55	569	14	
2014008	周赫	女	91	88	95	66	82	75	77	85	659	7	
2014009	李文强	男	60	88	75	66	78	85	89	85	626	10	
2014010	包玉山	男	70	75	85	66	32	65	77	55	525	17	
2014011	杨乐	男	74	88	75	66	92	75	95	85	660	6	
2014012	王权	男	81	90	85	66	82	75	89	95	663	5	
2014013	谢磊	男	81	90	95	74	78	75	85	55	633	9	
2014014	张小梅	女	82	92	95	74	70	75	89	95	672	3	
2014015	马金磊	男	60	75	85	66	74	85	89	95	618	12	
2014016	李宏欣	女	65	83	75	66	80	85	95	55	634	8	
2014017	李文奎	男	91	89	85	66	95	75	87	85	675	2	
2014018	包丽丽	女	90	90	79	80	82	75	89	85	670	4	
平均成绩			72.67	81.51	77.94	68.89	74.39	76.11	84.33	78.89			
单科成绩最高值			96	92	95	90	95	85	95	95			
单科成绩最低值			41	57	23	60	32	65	77	55			
单科成绩普通值			60	90	75	66	95	75	77	85			

图 9-37　插入"奖学金"一列

（2）选择 N4 单元格，单击"插入函数"按钮，选择"IF"函数，如图 9-38 所示。

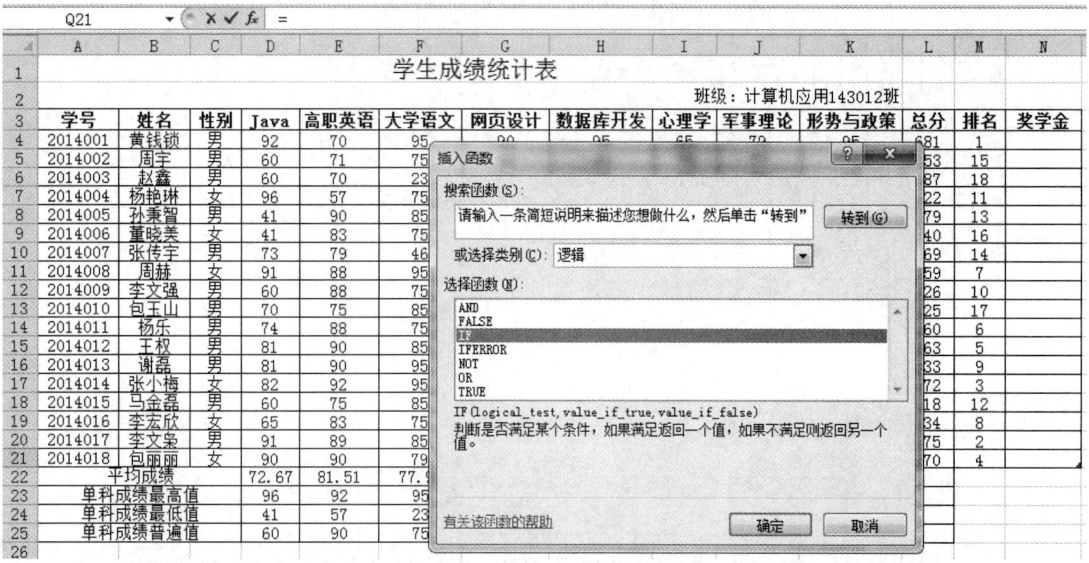

图 9-38 选择"IF"函数

（3）在"函数参数"对话框的"Logical-test"中选择需要判断的单元格 M4，并将判断条件写明：M4<=3，在"Value_if_true"中将符合条件的情况标注上"奖学金"；在"Value_if_false"中，将不符合条件的情况标注上"无"，如图 9-39 所示。

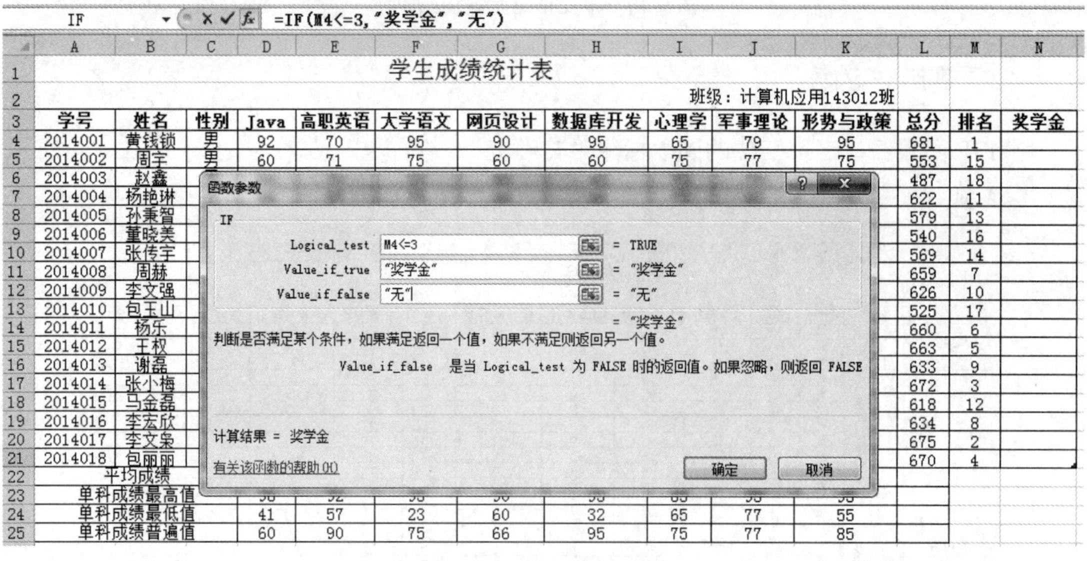

图 9-39 选择数据范围

（4）单元格显示结果后，利用填充柄复制到 N5:N21 单元格区域中，如图 9-40 所示。

| N4 | | | fx | =IF(M4<=3,"奖学金","无") | | | | | | | | | | |

	A	B	C	D	E	F	G	H	I	J	K	L	M	N
1	学生成绩统计表													
2										班级：计算机应用143012班				
3	学号	姓名	性别	Java	高职英语	大学语文	网页设计	数据库开发	心理学	军事理论	形势与政策	总分	排名	奖学金
4	2014001	黄钱锁	男	92	70	95	90	95	65	79	95	681	1	奖学金
5	2014002	周宇	男	60	71	75	60	60	75	77	75	553	15	无
6	2014003	赵鑫	男	60	70	23	60	45	75	79	75	487	18	无
7	2014004	杨艳琳	女	96	57	75	66	95	75	83	75	622	11	无
8	2014005	孙秉智	男	41	90	85	66	60	75	77	85	579	13	无
9	2014006	董晓美	女	41	83	75	66	60	75	85	55	540	16	无
10	2014007	张传宇	男	73	79	46	66	88	85	77	55	569	14	无
11	2014008	周赫	女	91	88	95	66	82	75	77	85	659	7	无
12	2014009	李文强	男	60	88	75	66	78	85	89	85	626	10	无
13	2014010	包玉山	男	70	75	85	66	32	65	77	55	525	17	无
14	2014011	杨乐	男	74	88	75	66	92	85	95	85	660	6	无
15	2014012	王权	男	81	90	85	66	82	75	89	95	663	5	无
16	2014013	谢磊	男	81	90	95	74	78	75	85	55	633	9	无
17	2014014	张小梅	女	82	92	95	74	70	75	89	95	672	3	奖学金
18	2014015	马金磊	男	60	75	85	74	65	75	89	95	618	12	无
19	2014016	李宏欣	女	65	83	75	66	80	85	95	85	634	8	无
20	2014017	李文枭	男	91	89	85	68	95	75	87	85	675	2	奖学金
21	2014018	包丽丽	女	90	90	79	80	82	75	75	85	670	4	无
22	平均成绩			72.67	81.51	77.94	68.89	74.39	76.11	84.33	78.89			
23	单科成绩最高值			96	92	95	90	95	85	95	95			
24	单科成绩最低值			41	57	23	60	32	65	77	55			
25	单科成绩普遍值			60	90	75	66	95	75	77	85			

图 9-40　单元格显示输出结果

9.1.8　利用 COUNT 函数

利用 COUNT 函数自动求出全班总人数。

（1）在"学生成绩统计表"中按图 9-41 所示，将 L23:M23 单元格合并后居中，在单元格输入"总人数"，将求得的数值放在 N23 单元格中。

| L23 | | | fx | 总人数 | | | | | | | | | | |

	A	B	C	D	E	F	G	H	I	J	K	L	M	N
1	学生成绩统计表													
2										班级：计算机应用143012班				
3	学号	姓名	性别	Java	高职英语	大学语文	网页设计	数据库开发	心理学	军事理论	形势与政策	总分	排名	奖学金
4	2014001	黄钱锁	男	92	70	95	90	95	65	79	95	681	1	奖学金
5	2014002	周宇	男	60	71	75	60	60	75	77	75	553	15	无
6	2014003	赵鑫	男	60	70	23	60	45	75	79	75	487	18	无
7	2014004	杨艳琳	女	96	57	75	66	95	75	83	75	622	11	无
8	2014005	孙秉智	男	41	90	85	66	60	75	77	85	579	13	无
9	2014006	董晓美	女	41	83	75	66	60	75	85	55	540	16	无
10	2014007	张传宇	男	73	79	46	66	88	85	77	55	569	14	无
11	2014008	周赫	女	91	88	95	66	82	75	77	85	659	7	无
12	2014009	李文强	男	60	88	75	66	78	85	89	85	626	10	无
13	2014010	包玉山	男	70	75	85	66	32	65	77	55	525	17	无
14	2014011	杨乐	男	74	88	75	66	92	85	95	85	660	6	无
15	2014012	王权	男	81	90	85	66	82	75	89	95	663	5	无
16	2014013	谢磊	男	81	90	95	74	78	75	85	55	633	9	无
17	2014014	张小梅	女	82	92	95	74	70	75	89	95	672	3	奖学金
18	2014015	马金磊	男	60	75	85	74	65	75	89	95	618	12	无
19	2014016	李宏欣	女	65	83	75	66	80	85	95	85	634	8	奖学金
20	2014017	李文枭	男	91	89	85	68	95	75	87	85	675	2	奖学金
21	2014018	包丽丽	女	90	90	79	80	82	75	75	85	670	4	无
22	平均成绩			72.67	81.51	77.94	68.89	74.39	76.11	84.33	78.89			
23	单科成绩最高值			96	92	95	90	95	85	95	95	总人数		
24	单科成绩最低值			41	57	23	60	32	65	77	55			
25	单科成绩普遍值			60	90	75	66	95	75	77	85			

图 9-41　合并单元格

（2）单击"插入函数"按钮，选择"COUNT"函数，如图 9-42 所示。

（3）在"函数参数"对话框的"Value1"中选择需要统计人数的单元格（任何数字型数据均可，本题选择 M4:M21 单元格），如图 9-43 所示。

（4）单元格显示结果为"18"，如图 9-44 所示。

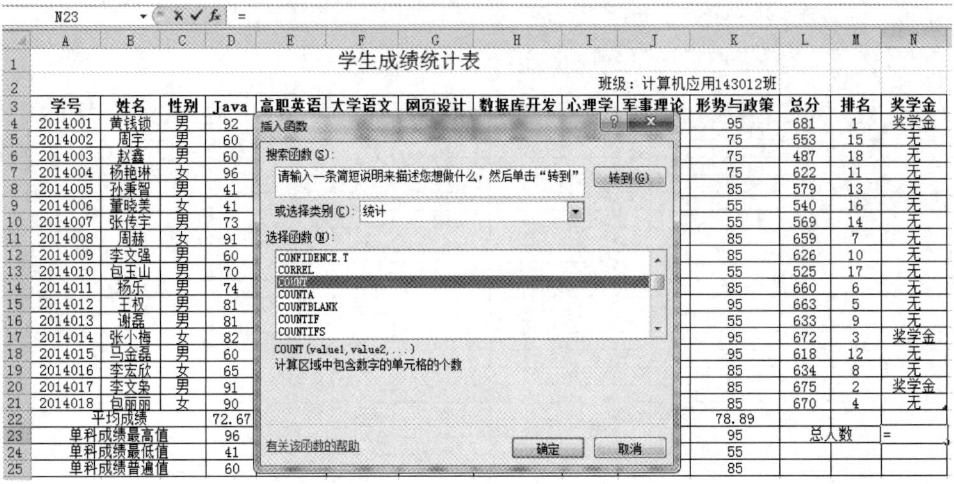

图 9-42 选择"COUNT"函数

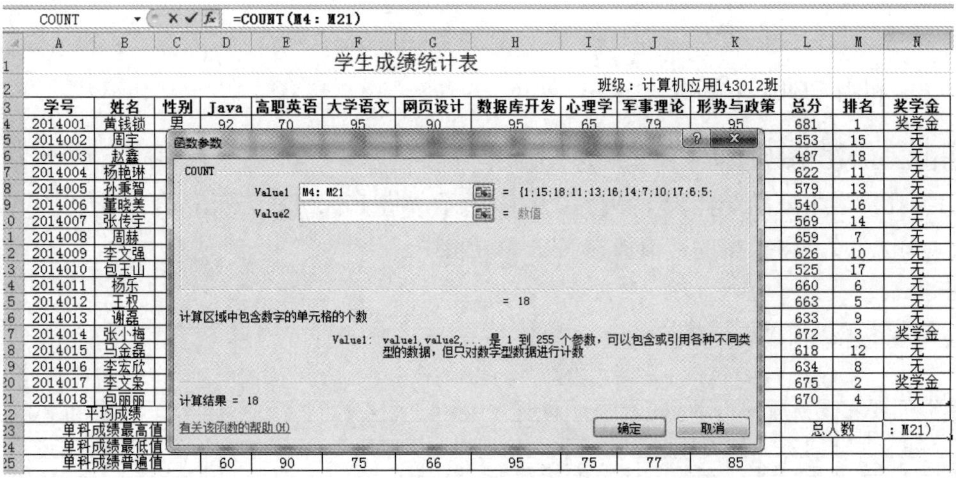

图 9-43 选择数据范围

图 9-44 单元格显示输出结果

9.1.9　利用 COUNTIF 函数

利用 COUNTIF 函数分别求出男生人数和女生人数。

（1）在"学生成绩统计表"中按图 9-45 所示在合并后的单元格中输入"男生人数"，将求得的数值放在 N24 单元格中。

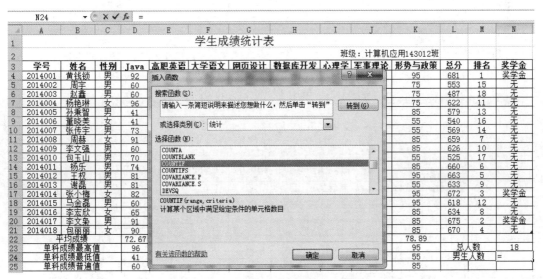

图 9-45　合并单元格

（2）单击"插入函数"按钮，选择"COUNTIF"函数，如图 9-46 所示。

图 9-46　选择"COUNTIF"函数

（3）在"函数参数"对话框的"Range"中选择需要统计人数的单元格 C4:C21，在"Criteria"中选择其中一个符合条件的单元格 C4，如图 9-47 所示。

（4）单元格显示结果为"12"，如图 9-48 所示。

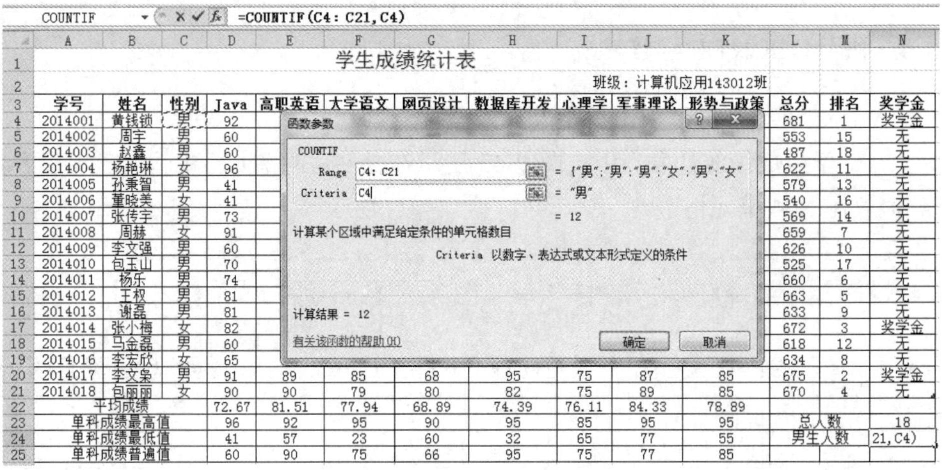

图 9-47　选择数据范围

图 9-48　单元格显示输出结果

（5）"女生人数"自动计算方法与"男生人数"自动计算方法相同。最后结果如图 9-49 所示。

图 9-49　单元格显示输出结果

9.2　工作表的打印

当对"学生成绩统计表"的编辑和排版工作都已完成后,可以通过打印机输出该工作表了。

9.2.1　设置页边距

给"学生成绩统计表"设置页边距:上下左右页边距均为 2 厘米,水平、垂直方向均为居中。

选择"页面布局"选项卡"页面设置"组中的"页边距"→"自定义页边距"命令,如图 9-50 进行设置。

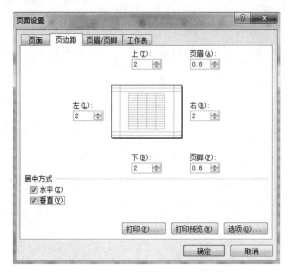

图 9-50　"页面设置"对话框

9.2.2　设置纸张方向

选择"页面布局"选项卡"页面设置"组中的"纸张方向"→"横向"子命令,如图 9-51 所示。

图 9-51　纸张方向

9.2.3　设置纸张大小

因为 A4 类型的纸张是最常见的打印纸张之一,所以选择 A4 纸来打印本表。选择"页面布局"选项卡"页面设置"组中的"纸张大小"→"A4"命令，如图 9-52 所示。

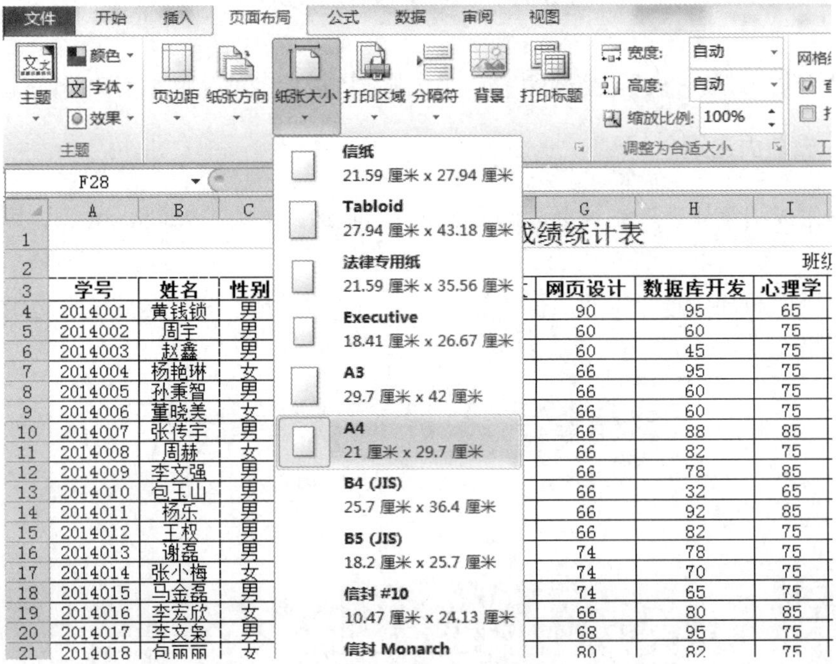

图 9-52　纸张大小

9.2.4　设置打印区域

选中 A1:N25 单元格区域，选择"页面布局"选项卡"页面设置"组中的"打印区域"→"设置打印区域"命令，如图 9-53 所示。

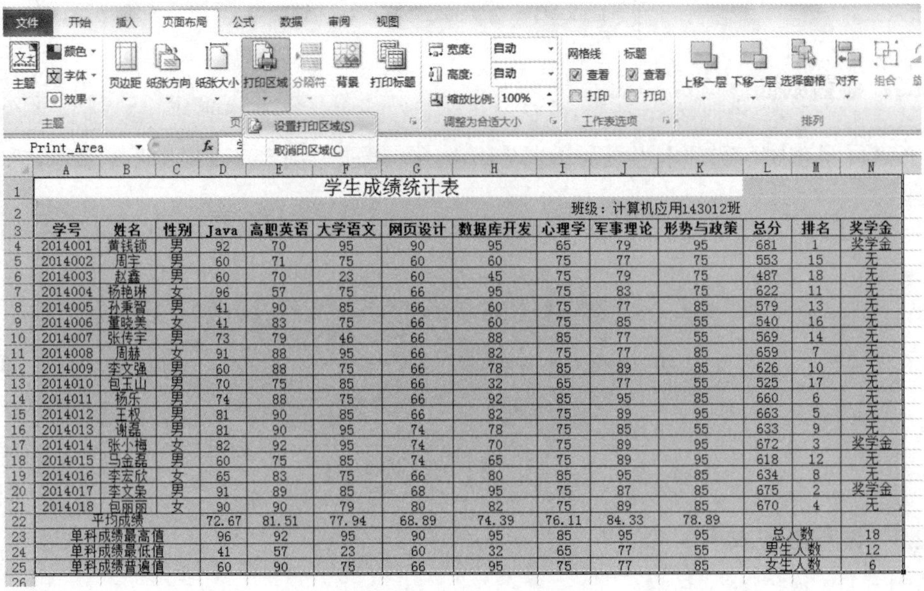

图 9-53　设置打印区域

如果在工作表打印输出时，只想输出其中的一部分，则可以先选定所要输出的单元格区域（可以是不连续区域），再利用"页面布局"选项卡"页面设置"组中的"打印区域"→"设置打印区域"命令，这样就可以只打印输出选定区域的内容。

9.2.5 设置分隔符

虽然在"学生成绩统计表"中不涉及"分隔符"命令，但在这里还是要简单介绍一下：

一般情况下，工作表在打印输出时，会按页面设置中已设定好的纸张大小自动分页，但有时用户为了满足特殊情况的需要，要在工作表中指定的位置强制分页，此时可利用 Excel 2010 "页面布局"选项卡"页面设置"组中的"分隔符"命令来完成。操作步骤如下：

（1）打开待打印的工作簿，选定要打印的工作表。

（2）单击要强制分页的位置。

（3）单击"分隔符"下拉按钮，选择"插入分页符"命令，此时在页面上添加了一个分页符（一条黑色的虚线），打印时，遇到分页符就会自动换页，如图 9-54 所示。

图 9-54 分隔符

9.2.6 打印预览

为了保证工作表正确无误和按用户规定的格式打印输出，在实际打印输出之前最好利用打印预览功能先在屏幕上显示打印的真实效果，便于观察是否有误和符合用户的要求，待完全正确无误和完全符合用户的格式要求后再打印输出,这样做也是为了节省时间和避免不必要的浪费。

单击"文件"选项卡，如图 9-55 所示，单击"打印"选项，右面窗口会自动出现"打印预览"。

9.2.7 打印"学生成绩统计表"

当所有打印前的准备工作都做完后，就可以开始打印了。在打印前，应保证打印机已经安装连接好，打开打印机开关，就可以正常进行打印了。如图 9-55 所示，单击"打印"按钮就可以了。

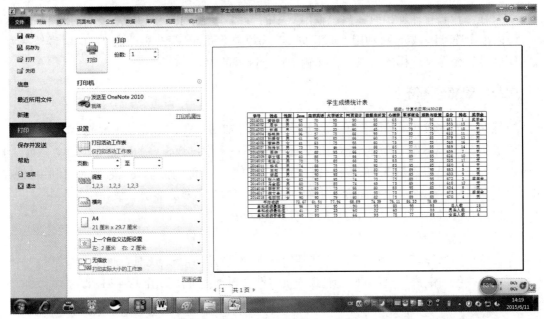

图 9-55　打印预览

项目总结

本项目着重对 Excel 2010 的公式和函数做了说明，以"学生成绩统计表"为例介绍了常用函数，如：求平均值函数 AVERAGE、求最大最小值函数 MAX/MIN、众数函数 MODE、排名函数 RANK、条件函数 IF、计数函数 COUNT、条件计数函数 COUNTIF 等。在表格的页面设置和打印方面也进行了讲解。对于 Excel 2010 其他函数的用法还可另外参考其他教材。

项目 10 Excel 2010 电子表格——职员信息表的制作

项目知识点

- Excel 2010 工作表的数据管理
- Excel 2010 工作表的自动套用格式
- Excel 2010 工作表的保护和隐藏

项目场景

小明在上海的一家电商公司的子公司工作，这家子公司的主要部门有开发部、测试部、文档部和市场部。再过两天总部的工作人员就要过来巡视了，可是文档部的内勤小张突然生病住院了。公司经理为了不影响向总部汇报工作，临时让小明整理一下员工信息，并且叮嘱他：希望他在向总部汇报时能够将职员的信息做一下说明，对上对下都能够交代明白。小明接到任务后，觉得这是一个表现自我的机会，绝对不能让经理失望。让我们看看他会怎么做吧！

项目分析

小明先把表格主要数据建好，因为这个表是给总部的巡视人员做汇报，所以要将公司职员信息整理清晰，制作一个可以让巡视员一目了然的表；还要将员工数据进行分析，尤其是总部特别关心的年龄结构、工龄和工资等更要加强处理。表格数据整理好后，需要使其看起来更专业。另外，因为表数据涉及到员工的个人信息，还要进行一定的保护。

对于以上这些任务，小明决定用 Excel 电子表格的数据处理功能来完成它。

项目实施

完成本项目主要需要以下几个步骤：

本项目主要应用了 Excel 2010 的数据处理。以下是通过不同的处理方式来完成任务的。

- Excel 2010 的数据管理
  - ➢ 制作职员信息表
  - ➢ 创建项目清单
  - ➢ 排序
  - ➢ 分类汇总
  - ➢ 数据筛选
  - ➢ 数据透视表
- Excel 2010 的自动套用格式
- Excel 2010 的保护和隐藏

项目实施结束后的部分效果图如图 10-1 所示。

职员信息表						
员工编号	部门	性别	年龄	籍贯	工龄	工资
C1	测试部	男	33	江西	5	5600
C3	测试部	男	29	湖北	5	5100
C4	测试部	女	26	江西	6	5000
C2	测试部	男	23	上海	6	4800
K4	开发部	男	37	陕西	7	5500
K5	开发部	女	33	辽宁	5	4600
K1	开发部	男	31	陕西	6	5000
K2	开发部	女	27	湖南	3	4400
K5	开发部	女	26	辽宁	4	4700
S5	市场部	男	27	四川	6	4600
S1	市场部	男	27	山东	5	4800
S2	市场部	女	26	江西	3	4900
S4	市场部	女	26	北京	3	4200
S3	市场部	女	25	山东	5	4800
W3	文档部	男	33	山西	4	4500
W1	文档部	女	25	河北	3	4200
W4	文档部	女	25	江苏	3	4400
W2	文档部	男	25	广东	2	4200

平均值项:工资	列标签		
行标签	男	女	总计
测试部	5166.666667	5000	5125
开发部	5250	4566.666667	4840
市场部	4700	4633.333333	4660
文档部	4350	4300	4325
总计	4900	4577.777778	4738.888889

图 10-1　实施效果图

10.1　Excel 2010 的数据管理

对于工作表中的数据，我们不能只满足于自动计算，因为实际工作中往往还需要对这些数据进行动态的、按某种规则进行的分析处理。Excel 工作表提供了强大的数据分析和数据处理功能，其中包括对数据的筛选、排序和分类汇总等，恰当地使用这些功能可以极大地提高用户的日常工作效率。

10.1.1　制作职员信息表

（1）首先制作"职员信息表"，根据需要向表中输入数据，如图 10-2 所示。

	A	B	C	D	E	F	G
1	职员信息表						
2	员工编号	部门	性别	年龄	籍贯	工龄	工资
3	K1	开发部	男	31	陕西	6	5000
4	C1	测试部	男	33	江西	5	5600
5	W1	文档部	女	25	河北	3	4200
6	S1	市场部	男	27	山东	5	4800
7	S2	市场部	女	26	江西	3	4900
8	K2	开发部	女	27	湖南	3	4400
9	W2	文档部	男	25	广东	2	4200
10	C2	测试部	男	23	上海	6	4800
11	K5	开发部	女	33	辽宁	5	4600
12	S3	市场部	女	25	山东	5	4800
13	S4	市场部	女	26	北京	3	4200
14	C3	测试部	男	29	湖北	5	5100
15	W3	文档部	男	33	山西	4	4500
16	K4	开发部	男	37	陕西	7	5500
17	C4	测试部	女	26	江西	6	5000
18	K5	开发部	女	26	辽宁	4	4700
19	S5	市场部	男	27	四川	6	4600
20	W4	文档部	女	25	江苏	3	4400

图 10-2　向表中输入数据

（2）设置字体和单元格格式（合并、对齐方式等），如图 10-3 所示。

	A	B	C	D	E	F	G
1	职员信息表						
2	员工编号	部门	性别	年龄	籍贯	工龄	工资
3	K1	开发部	男	31	陕西	6	5000
4	C1	测试部	男	33	江西	5	5600
5	W1	文档部	女	25	河北	3	4200
6	S1	市场部	男	27	山东	5	4800
7	S2	市场部	女	26	江西	3	4900
8	K2	开发部	女	27	湖南	3	4400
9	W2	文档部	男	25	广东	2	4200
10	C2	测试部	男	23	上海	6	4800
11	K5	开发部	女	33	辽宁	5	4600
12	S3	市场部	女	25	山东	5	4800
13	S4	市场部	女	26	北京	3	4200
14	C3	测试部	男	29	湖北	5	5100
15	W3	文档部	男	33	山西	4	4500
16	K4	开发部	男	37	陕西	7	5500
17	C4	测试部	女	26	江西	6	5000
18	K5	开发部	女	26	辽宁	4	4700
19	S5	市场部	男	27	四川	6	4600
20	W4	文档部	女	25	江苏	3	4400

图 10-3　设置字体和单元格格式

10.1.2　创建项目清单

有了数据清单就可以非常方便地查找每一位职员的记录。在本项目中，对于了解个人信息很有效。现在，我们要了解一下什么是数据清单。

数据清单，就是一系列带有标记且包含类似数据的行。在 Excel 2010 中，可以很容易地将数据清单用作数据库。在执行数据库操作时，例如查询、排序或汇总数据时，Excel 2010 会自动将数据清单视作数据库，并使用下列数据清单元素来组织数据：数据清单中的列是数据库中的字段；数据清单中的列标志是数据库中的字段名称；数据清单中的每一行对应数据库中的一个记录。

了解了数据清单是什么，我们接下来要给"职员信息表"制作一个数据清单了。

1．为"职员信息表"的数据清单定义数据清单名称

（1）选定要定义名称的单元格区域（包含数据清单列名）。

（2）选择"公式"选项卡。

（3）在"定义的名称"组中单击"定义名称"按钮。

（4）在弹出的"新建名称"对话框中键入名称"职员信息"，并单击"确定"按钮，如图 10-4 所示。

2．显示并使用"职员信息"数据清单

所谓数据记录单，就是一次显示一个完整记录的对话框。若要使用数据记录单，数据清单就必须具有列名，因为数据记录单能自动将用户输入的数据反映到数据清单内。其操作步骤如下：

（1）选择"文件"选项卡中的"选项"。

（2）切换到"快速访问工具栏"选项卡，在"从下列位置选择命令"下拉列表框中选择"所有命令"。

图 10-4　"新建名称"对话框

（3）查找"记录单"命令，单击"添加"按钮，如图 10-5 所示。

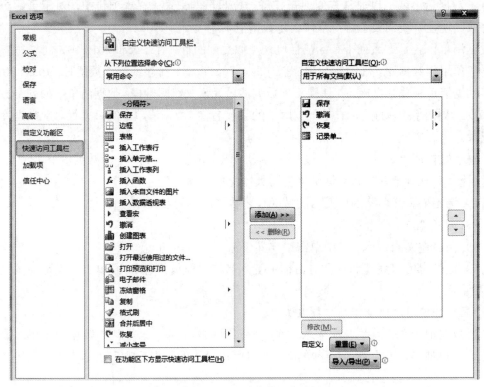

图 10-5　"Excel 选项"对话框

（4）单击"确定"按钮后，标题栏则出现"记录单"图标。
（5）选择要制作数据清单的单元格区域，单击"记录单"。

（6）弹出"数据清单"对话框，如图 10-6 所示。

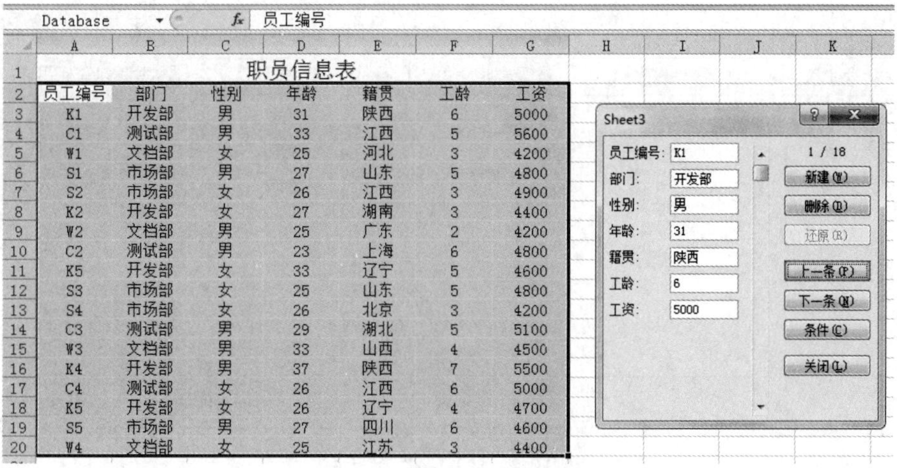

图 10-6　"数据清单"对话框

对话框一次显示一个完整的记录。通过对话框中的命令按钮，可以完成查看所有记录、删除记录和在数据清单尾部输入新记录等操作，还可以查找符合一定条件的记录。

10.1.3　排序

对"职员信息表"先按"年龄"，再按"工龄"由高到低排序。

（1）选择要进行排序的数据。

（2）单击"数据"选项卡中的"排序和筛选"组，如图 10-7 所示。

图 10-7　"排序和筛选"组

（3）单击"排序"按钮弹出如图 10-8 所示的"排序"对话框。

图 10-8　"排序"对话框

（4）在"排序"对话框中"主要关键字"下拉列表框中单击需要排序的列字段名"年龄"，"排序依据"选择"数值"，"次序"选择"降序"；再单击"添加条件"按钮，在出现的"次要关键字"下拉列表框中单击需要排序的列字段名"工龄"，"排序依据"选择"数值"，"次序"选择"降序"，最后单击"确定"按钮即可。排序后的结果如图 10-9 所示：

	A	B	C	D	E	F	G
1			职员信息表				
2	员工编号	部门	性别	年龄	籍贯	工龄	工资
3	K4	开发部	男	37	陕西	7	5500
4	C1	测试部	男	33	江西	5	5600
5	K5	开发部	女	33	辽宁	5	4600
6	W3	文档部	男	33	山西	4	4500
7	K1	开发部	男	31	陕西	6	5000
8	C3	测试部	男	29	湖北	5	5100
9	S5	市场部	男	27	四川	6	4600
10	S1	市场部	男	27	山东	5	4800
11	K2	开发部	女	27	湖南	3	4400
12	C4	测试部	女	26	江西	6	5000
13	K5	开发部	女	26	辽宁	4	4700
14	S2	市场部	女	26	江西	3	4900
15	S4	市场部	女	26	北京	3	4200
16	S3	市场部	女	25	山东	3	4800
17	W1	文档部	女	25	河北	3	4200
18	W4	文档部	女	25	江苏	3	4400
19	W2	文档部	男	25	广东	2	4200
20	C2	测试部	男	23	上海	6	4800

图 10-9　排序的结果

10.1.4　分类汇总

对"职员信息表"按"部门"分类，对"工资"值进行求平均值汇总。

（1）将图 10-2 所示的数据清单按"部门"排序，排序结果如图 10-10 所示。注意：作为分类的列必须先排序。

A	B	C	D	E	F	G
			职员信息表			
员工编号	部门	性别	年龄	籍贯	工龄	工资
C1	测试部	男	33	江西	5	5600
C3	测试部	男	29	湖北	5	5100
C4	测试部	女	26	江西	6	5000
C2	测试部	男	23	上海	6	4800
K4	开发部	男	37	陕西	7	5500
K5	开发部	女	33	辽宁	5	4600
K1	开发部	男	31	陕西	6	5000
K2	开发部	女	27	湖南	3	4400
K5	开发部	女	26	辽宁	4	4700
S5	市场部	男	27	四川	6	4600
S1	市场部	男	27	山东	5	4800
S2	市场部	女	26	江西	3	4900
S4	市场部	女	26	北京	3	4200
S3	市场部	女	25	山东	5	4800
W3	文档部	男	33	山西	4	4500
W1	文档部	女	25	河北	3	4200
W4	文档部	女	25	江苏	3	4400
W2	文档部	男	25	广东	2	4200

图 10-10 按"部门"排序的结果

（2）选择要进行分类汇总的数据。

（3）单击"数据"选项卡"分级显示"组中的"分类汇总"按钮，则出现如图 10-11 所示的"分类汇总"对话框。在"分类汇总"对话框中的"分类字段"下拉列表框中选择"部门"；在"汇总方式"下拉列表框中选择"平均值"；在"选定汇总项"列表框中选择"工资"，下边的复选框根据需要进行选择即可。

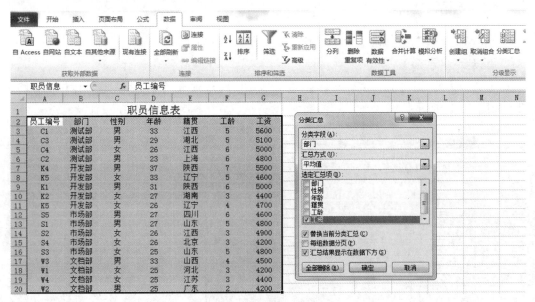

图 10-11 "分类汇总"对话框

（4）单击"确定"按钮。操作结果如图 10-12 所示。

插入了分类汇总值的工作表可有不同的显示方式，以显示出不同级别的数据信息。操作方法是：单击图 10-12 所示工作表名称框旁边的"1""2"和"3"按钮，可进行不同级别数据信息的显示。

	A	B	C	D	E	F	G
1			职员信息表				
2	员工编号	部门	性别	年龄	籍贯	工龄	工资
3	C1	测试部	男	33	江西	5	5600
4	C3	测试部	男	29	湖北	5	5100
5	C4	测试部	女	26	江西	6	5000
6	C2	测试部	男	23	上海	6	4800
7		测试部 平均值					5125
8	K4	开发部	男	37	陕西	7	5500
9	K5	开发部	女	33	辽宁	5	4600
10	K1	开发部	男	31	陕西	6	5000
11	K2	开发部	女	27	湖南	3	4400
12	K5	开发部	女	26	辽宁	4	4700
13		开发部 平均值					4840
14	S5	市场部	男	27	四川	4	4600
15	S1	市场部	男	27	山东	5	4800
16	S2	市场部	女	26	江西	3	4900
17	S4	市场部	女	26	北京	3	4200
18	S3	市场部	女	25	山东	5	4800
19		市场部 平均值					4660
20	W3	文档部	男	33	山西	4	4500
21	W1	文档部	女	25	河北	3	4200
22	W4	文档部	女	25	江苏	3	4400
23	W2	文档部	男	25	广东	2	4200
24		文档部 平均值					4325
25		总计平均值					4738.889

图 10-12　分类汇总结果

当在数据清单中清除分类汇总时，Excel 同时也将清除分级显示和插入分类汇总时产生的所有自动分页符。具体操作步骤如下：

1）在含有分类汇总的数据清单中，单击任意单元格。

2）单击"数据"选项卡"分级显示"组中的"分类汇总"按钮，在如图 10-11 所示对话框中单击"全部删除"按钮即可。

10.1.5　数据筛选

对"职员信息表"进行数据筛选，筛选出年龄大于 30 岁的男职员。

1．自动筛选

（1）选择需要筛选的数据清单内容，单击"数据"选项卡"排序和筛选"组中的"筛选"按钮，如图 10-13 所示。

图 10-13　"筛选"按钮

（2）单击"年龄"列右侧的小箭头，在出现的下拉框中，在"数字筛选"里面选择"大于"，如图 10-14 所示。

图 10-14 在"数字筛选"里面选择"大于"

（3）弹出"自定义自动筛选方式"对话框，在数值中填写"30"，如图 10-15 所示。

图 10-15 "自定义自动筛选方式"对话框

（4）按照相同步骤，从筛选出的结果中再筛选出"性别"为"男"的记录。结果如图 10-16 所示。

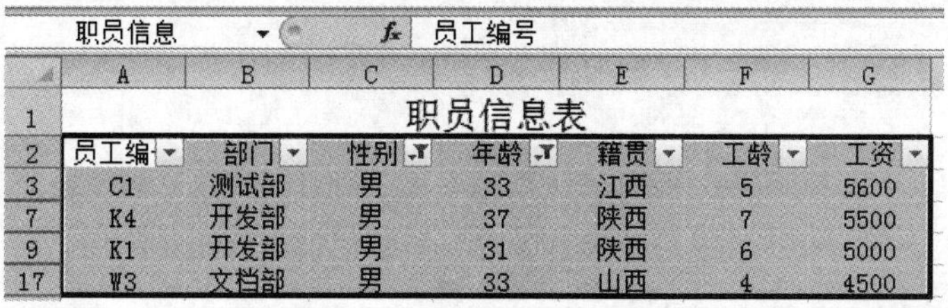

员工编	部门	性别	年龄	籍贯	工龄	工资
C1	测试部	男	33	江西	5	5600
K4	开发部	男	37	陕西	7	5500
K1	开发部	男	31	陕西	6	5000
W3	文档部	男	33	山西	4	4500

图 10-16 "自动筛选"完成结果

2. 高级筛选

对于筛选要求多并且要将筛选结果放在指定位置的情况，运用高级筛选可能会更简单。下面就刚才的问题，我们用"高级筛选"再做一遍。要求将筛选结果放在"职员信息表"下方。

（1）在"职员信息表"下方创建如图 10-17 所示的条件区域。

图 10-17　"高级筛选"的条件区域

（2）在"数据"选项卡中的"排序和筛选"组上单击"高级"按钮，在弹出的"高级筛选"对话框中"列表区域"选择 A2:G20 区域，"条件区域"选择 C22:D23 区域，"复制到"选择以 A25 单元格开始的区域，如图 10-18 所示。

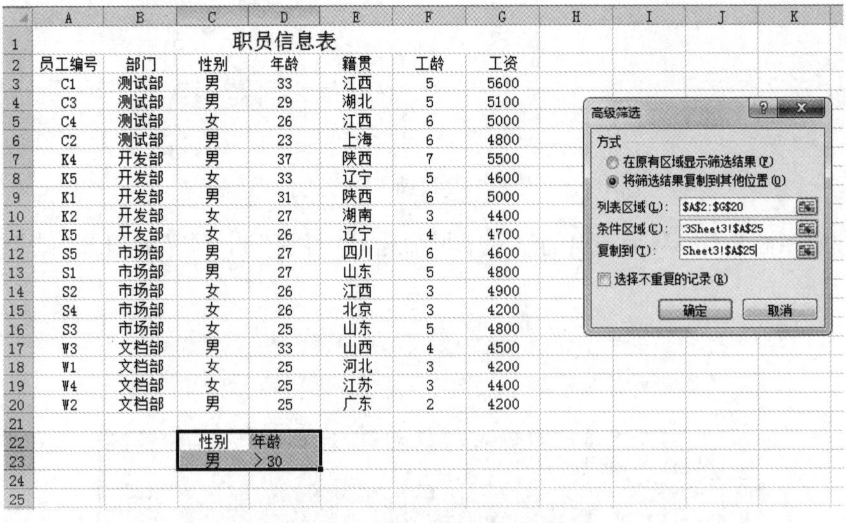

图 10-18　设置"高级筛选"项

（3）"高级筛选"的结果如图 10-19 所示。

	A	B	C	D	E	F	G
4	C3	测试部	男	29	湖北	5	5100
5	C4	测试部	女	26	江西	6	5000
6	C2	测试部	男	23	上海	6	4800
7	K4	开发部	男	37	陕西	7	5500
8	K5	开发部	女	33	辽宁	5	4600
9	K1	开发部	男	31	陕西	6	5000
10	K2	开发部	女	27	湖南	3	4400
11	K5	开发部	女	26	辽宁	4	4700
12	S5	市场部	男	27	四川	6	4600
13	S1	市场部	男	27	山东	5	4800
14	S2	市场部	女	26	江西	3	4900
15	S4	市场部	女	26	北京	3	4200
16	S3	市场部	女	25	山东	5	4800
17	W3	文档部	男	33	山西	4	4500
18	W1	文档部	女	25	河北	3	4200
19	W4	文档部	女	25	江苏	3	4400
20	W2	文档部	男	25	广东	2	4200
21							
22			性别	年龄			
23			男	>30			
24							
25	员工编号	部门	性别	年龄	籍贯	工龄	工资
26	C1	测试部	男	33	江西	5	5600
27	K4	开发部	男	37	陕西	7	5500
28	K1	开发部	男	31	陕西	6	5000
29	W3	文档部	男	33	山西	4	4500

图 10-19　"高级筛选"的结果

10.1.6　数据透视图

给"职员信息表"建立一个数据透视表。

现在，我们要做一个操作，分别计算不同部门男女职工的平均工资。听起来很复杂，但是，我们可以利用 Excel 2010 的数据透视表来完成这一操作。下面简单介绍一下数据透视表：

在 Excel 2010 的数据操作中，往往会在数据表中存放或管理很多数据量较大的数据，若没有好的工作方法，这些数据确实是很难进行统计和分析的。其实，这些数据大多是以字段表的形式填写的。所谓"字段表"就是数据表的第一行是标题行，下面的数据信息按照标题的内容进行分类填写，每个标题所在的一列就称为一个字段。下面我们就开始建立一个数据透视表吧！

（1）在"插入"选项卡"表格"组中单击"数据透视表"按钮，如图 10-20 所示。

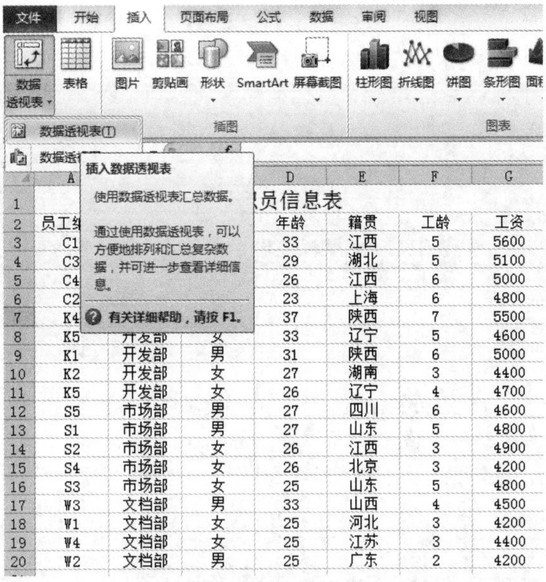

图 10-20　选择"数据透视表"功能项

（2）在弹出的"创建数据透视表"对话框中选择"表/区域"为 A2:G20，在数据透视表安放位置选择以 A23 开始的区域，如图 10-21 所示。

	A	B	C	D	E	F	G
1				职员信息表			
2	员工编号	部门	性别	年龄	籍贯	工龄	工资
3	C1	测试部	男	33	江西	5	5600
4	C3	测试部	男	29	湖北	5	5100
5	C4	测试部	女	26	江西	6	5000
6	C2	测试部	男	23	上海	6	4800
7	K4	开发部	男	37	陕西	7	5500
8	K5	开发部	女	33	辽宁	5	4600
9	K1	开发部	男	31	陕西	6	5000
10	K2	开发部	女	27	湖南	3	4400
11	K5	开发部	女	26	辽宁	4	4700
12	S5	市场部	男	27	四川	6	4600
13	S1	市场部	男	27	山东	5	4800
14	S2	市场部	女	26	江西	3	4900
15	S4	市场部	女	26	北京	3	4200
16	S3	市场部	女	25	山东	5	4800
17	W3	文档部	男	33	山西	4	4500
18	W1	文档部	女	25	河北	3	4500
19	W4	文档部	女	25	江苏	3	4400
20	W2	文档部	男	25	广东	2	4200
21							

创建数据透视表

请选择要分析的数据
- ⦿ 选择一个表或区域(S)
  - 表/区域(T): Sheet3!$A$2:$G$20
- ○ 使用外部数据源(U)
  - 选择连接(C)...
  - 连接名称：

选择放置数据透视表的位置
- ○ 新工作表(N)
- ⦿ 现有工作表(E)
  - 位置(L): Sheet3!$A$22

确定　取消

图 10-21　创建数据透视表

（3）在弹出的"数据透视表字段列表"窗格中，在"行标签"框中拖入"部门"，在"列标签"框中拖入"性别"，在"数值"中拖入"工资"，如图 10-22 所示。注意：需要将"按值汇总"项选为"平均值"，如图 10-23 所示。建好的数据透视表如图 10-24 所示。

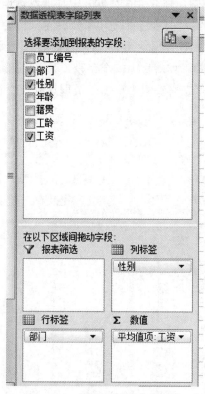

图 10-22　数据透视表字段列表

图 10-23 按值汇总

平均值项:工资	列标签		
行标签	男	女	总计
测试部	5166.666667	5000	5125
开发部	5250	4566.666667	4840
市场部	4700	4633.333333	4660
文档部	4350	4300	4325
总计	4900	4577.777778	4738.888889

图 10-24 数据透视表

其实，在数据透视表的各个区域中，可以拖拽放置多个字段，这样就可以起到同时查询多个字段的分类汇总效果。使用数据透视表还可以创建"计算"字段或对多表进行透视分析等。数据透视表的应用是 Excel 软件的一大精华，它汇集了 Excel 的 COUNTIF、SUMIF 函数、"分类汇总"和"自动筛选"等多种功能，是高效办公中分析数据必不可少的利器。

10.2 Excel 2010 的自动套用格式

如何才能使表看起来更美观、更方便，小明尝试着自己进行配色，但是始终不是很满意，他决定还是用 Excel 2010 的自动套用格式功能。

（1）选择需要使用"自动套用格式"的表数据，单击"开始"选项卡"样式"组中的"套用表格格式"按钮，在弹出的表样式中选择"表样式中等深浅 15"，如图 10-25 所示。

（2）在弹出的对话框中勾选"表包含标题"复选框后单击"确定"按钮，如图 10-26 所示。效果如图 10-27 所示。

（3）取消自动套用格式，只需单击"撤消"按钮即可。如果在无法撤消的情况下取消自动套用格式，需执行以下操作：

1）选择"文件"选项卡中的"选项"。

2）切换到"快速访问工具栏"选项卡，在"从下列位置选择命令"下拉列表框中选择"所有命令"。

3）查找"自动套用格式"命令，单击"添加"按钮，如图 10-28 所示。

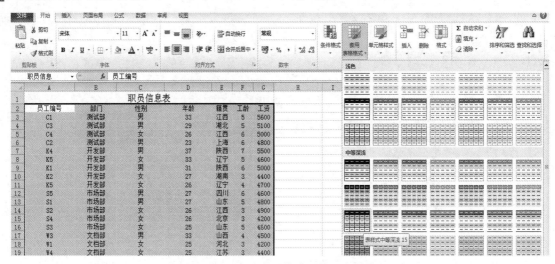

图 10-25 "自动套用格式"的"表样式"

图 10-26 "套用表格式"对话框

	A	B	C	D	E	F	G
1	职员信息表						
2	员工编号	部门	性别	年龄	籍贯	工龄	工资
3	C1	测试部	男	33	江西	5	5600
4	C3	测试部	男	29	湖北	5	5100
5	C4	测试部	女	26	江西	6	5000
6	C2	测试部	男	23	上海	6	4800
7	K4	开发部	男	37	陕西	7	5500
8	K5	开发部	女	33	辽宁	5	4600
9	K1	开发部	男	31	陕西	6	5000
10	K2	开发部	女	27	湖南	3	4400
11	K5	开发部	女	26	辽宁	4	4700
12	S5	市场部	男	27	四川	6	4600
13	S1	市场部	男	27	山东	5	4800
14	S2	市场部	女	26	江西	3	4900
15	S4	市场部	女	26	北京	3	4200
16	S3	市场部	女	25	山东	5	4800
17	W3	文档部	男	33	山西	4	4500
18	W1	文档部	女	25	河北	3	4200
19	W4	文档部	女	25	江苏	3	4400
20	W2	文档部	男	25	广东	2	4200

图 10-27 自动套用格式效果图

图 10-28　"Excel 选项"对话框

4）在快速访问工具栏内单击 按钮，在出现的"自动套用格式"样式框中选择"无"样式，如图 10-29 所示。

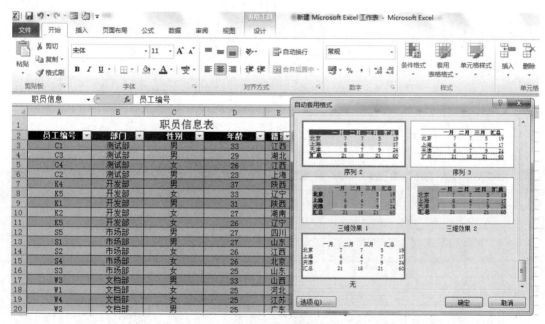

图 10-29　取消自动套用格式

10.3　Excel 2010 的保护和隐藏

完成表格后，希望表格不可以随意被别人修改，小明决定对表格进行密码保护；因为"职员信息表"涉及到了员工的个人信息，不可以随便泄露，所以他决定将其隐藏起来更为安心。

1. 工作表的保护

（1）在"审阅"选项卡"更改"组中单击"保护工作表"按钮，如图 10-30 所示。

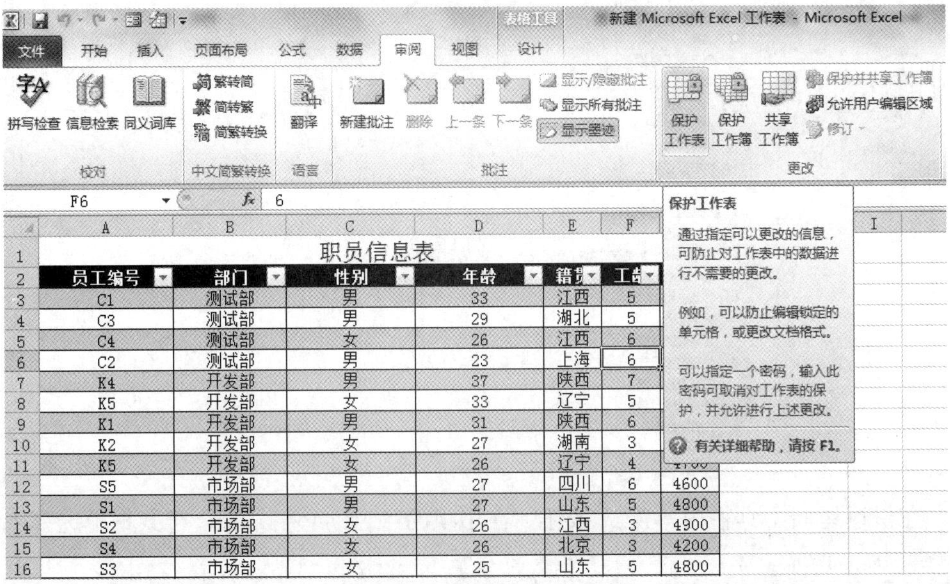

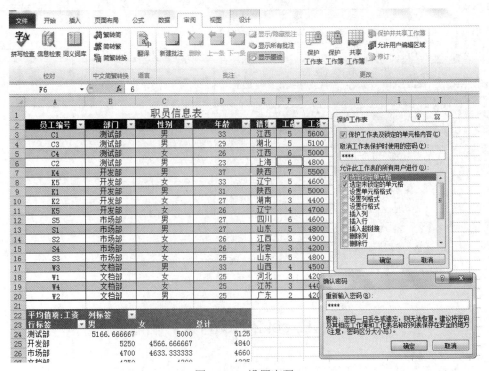

图 10-30　保护工作表

（2）勾选"允许此工作表的所有用户进行"复选框后，两次输入密码，如图 10-31 所示。

图 10-31　设置密码

（3）若要进行修改或撤消保护都需输入密码，如图 10-32 所示。

图 10-32　无密码不能修改表格

2. 工作表的隐藏

在"视图"选项卡"窗口"组中单击"隐藏"按钮即可，如图 10-33 所示。

	A	B	C	D	E	F	G	H
1			职员信息表					
2	员工编号	部门	性别	年龄	籍贯	工龄	工资	
3	C1	测试部	男	33	江西	5	5600	
4	C3	测试部	男	29	湖北	5	5100	
5	C4	测试部	女	26	江西	6	5000	
6	C2	测试部	男	23	上海	6	4800	
7	K4	开发部	男	37	陕西	7	5500	
8	K5	开发部	女	33	辽宁	5	4600	
9	K1	开发部	男	31	陕西	6	5000	
10	K2	开发部	女	27	湖南	3	4400	
11	K5	开发部	女	26	辽宁	4	4700	
12	S5	市场部	男	27	四川	6	4600	
13	S1	市场部	男	27	山东	5	4800	

图 10-33　隐藏工作表

项目总结

本项目着重介绍了 Excel 2010 的数据处理功能，以"职员信息表"为例介绍了常用数据处理功能，如：数据清单的制作、数据排序、筛选（包括高级筛选）、分类汇总、数据透视表的制作等。在表格的自动套用格式以及对表格的保护和隐藏等方面也进行了讲解。

学以致用

通过前面内容的学习，大家已经基本掌握了 Office 2010 的主要内容。不过学以致用更为关键，最后我们再为大家尽一点绵薄之力吧。"假如我是一名企事业单位的新员工，让我分别用 Office 2010 的三个组件来做几件能够服务于企业的事情吧。"

——Word 2010：名片制作；Excel 2010：①销售记录表数据分析，②员工工资表数据统计管理；

——PowerPoint 2010：①会议演示文稿制作，②公司宣传演示文稿制作。

学以致用 1　Word 2010 名片制作

实例简介

名片是以个人名字为主体的介绍卡片，它具有介绍、沟通、留存纪念等多种功能。个人名片能让对方在不认识你的情况下，初步了解你的个人信息；可以让对方在忘记你的情况下，通过阅读记起你；可以提升自己和公司形象……给予名片是对对方的尊重，有了名片的交换，双方的结识就迈出了第一步。精美、个性化的名片，会给人留下深刻美好的印象。

张婷婷是某公司的一名设计师，因业务需要，现要设计制作一份彰显个性、展现魅力的个人名片，样例如图 1-1 所示。

图 1-1　个人名片样图

实例制作

要制作出如图 1-1 所示的个人名片，主要按以下步骤完成：

（1）自定义页面大小，设置页边距。

（2）插入文本框，设置文本框格式。

（3）输入名片内容并设置其格式。

（4）把文本框及其他图形进行组合，形成一张个人名片。

（5）把第一张个人名片进行复制操作，形成多张个人名片。

（6）在一页纸内对齐和合理分布个人名片图形。

1．自定义页面大小

启动 Word 2010，新建一个空白的 Word 文档，保存为"个人名片.docx"。将其纸张大小设置为 21×28 厘米，上页边距 2 厘米，下页边距 2 厘米，左页边距 1.25 厘米，右页边距 1.25 厘米。具体操作步骤如下：

（1）单击"页面布局"选项卡，在"页面设置"组中，单击其右下角的对话框启动器按钮，如图 1-2 所示，即可弹出"页面设置"对话框。

（2）在"页面设置"对话框中选择"纸张"选项卡，在"纸张大小"下拉列表框中选择"自定义大小"，将"宽度"设置为 21 厘米，将"高度"设置为 28 厘米，如图 1-3 所示。

图 1-2　页面设置

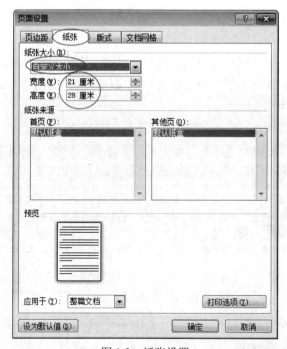

图 1-3　纸张设置

（3）切换到"页边距"选项卡，将上、下页边距设置为 2 厘米，左、右页边距设置为 1.25 厘米，如图 1-4 所示。

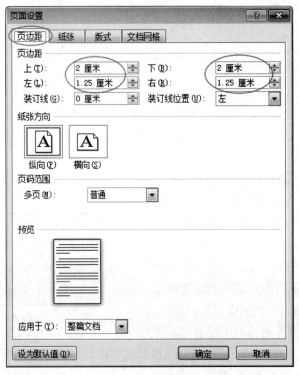

图 1-4　页边距设置

（4）单击"确定"按钮。

2．绘制文本框

在 Word 中，文本框是一种可移动、可调整大小的文字或图形容器。使用文本框，可以在一页上放置数个文字块，或使文字按与文档中其他文字不同的方向排列。下面我们通过绘制文本框的方式来实现个人名片的制作。

在"个人名片.docx"中绘制一个文本框。操作步骤如下：

（1）单击"插入"选项卡"文本"组中的"文本框"按钮，如图 1-5 所示，在弹出的下拉框中选择"绘制文本框"选项，这时鼠标指针会变成"＋"。

图 1-5　绘制文本框

（2）在文档合适的位置按住鼠标左键往右下角拖动到适当的大小后，停止拖动并松开鼠标左键，即可绘制一个空文本框。

3. 设置文本框格式

由于文本框是一种图形对象，因此可以为文本框设置各种边框格式、选择填充颜色、添加阴影、改变大小等。下面根据个人名片的一般要求，设置文本框的大小。

将文本框的宽设置为 8.9 厘米，高设置为 5.4 厘米。具体操作如下：

单击文本框边框的任一位置，以选定整个文本框，出现"绘图工具"选项卡，单击"绘图工具/格式"选项卡下的"大小"组，将宽度设置为 5.4 厘米，高度设置为 8.9 厘米，如图 1-6 所示。

图 1-6　文本框大小设置

4. 输入名片内容并设置其格式

在文本框内既可以键入文字，使用各种字体、字号、字符间距，调整行距和对齐方式等，也可以再插入文本框、线条、图片等信息，并可对其格式进行设置。下面我们通过在文本框内插入矩形、椭圆、文本框、线条，键入文字，设置文字和图形的格式等一系列操作，制作出如图 1-7 所示的单张个人名片。

图 1-7　单张个人名片

具体操作如下：

（1）在刚才已经设置好的文本框中适当位置画一个高度约 0.9 厘米，宽度等于原文本框宽度的长方形。操作步骤为：选中原文本框，在弹出的"绘图工具/格式"选项卡中，在"插入形状"组中选择"矩形"，移动鼠标箭头到文本框的合适位置，按住鼠标左键拖动，画出一个矩形。选中该矩形，将其高度设置为 0.9 厘米，宽度设置为 8.9 厘米。单击"形状样式"组中的"形状填充"按钮将其填充为"红色"，单击"形状轮廓"按钮将其设为"黑色"、0.75 磅实线轮廓。

（2）在矩形靠左边的适当位置画一个椭圆，高度稍微比矩形的高度高一点点，填充白色，无轮廓。具体可参考上面的方法进行设置。

（3）在椭圆上方插入一个文本框，将文本框的"形状填充"设置为"无填充颜色"，"形状轮廓"设置为"无轮廓"。在文本框内添加一个"创"字，将字体设置为"华文新魏""初号""黑体""加粗"。选中该文本框，在其四周将会出现一些方块或圆块，把鼠标箭头放在这些方块或圆块上，按住鼠标左键往外或往里拖，即可调整文本框的大小，直到能够完全显示"创"字即可。

注：文本框里的字符格式和段落格式的设置方法跟一般文档中的设置方法相同。也可以采用直接右击椭圆，在其弹出的快捷菜单中选择"添加文字"命令，直接在椭圆中添加"创"字。但这样做出来的效果不是很好，于是编者采用在椭圆上再加一个文本框的方法。

（1）在名片左上角的合适位置插入一个文本框，输入第一行内容"张婷婷设计师"，换行，输入手机号码"13912345678"。设置字符格式：将"张婷婷"设置为"华文新魏""三号"，"设计师"设置为"宋体""小五"，手机号码设置为"仿宋""小四"。

（2）在姓名和手机号码之间画一条适当长度的水平直线。

（3）在名片左下角的适当位置插入一个文本框，分两行输入相应的内容"Creative Design 创意设计"。依照自己的想法，设置合适的字符和段落格式。

（4）在名片的右下角再插入一个文本框，输入其他内容，并设置其格式。

（5）适当调整一下名片中各对象的位置，一张美观大方的名片就制作好了。

（6）为了更好地固定名片中各对象的位置，方便移动，可以把名片中所有对象进行组合。方法是：先选中第一个对象矩形，按住键盘上的 Shift 键，同时依次选中椭圆、"创"字文本框、直线、姓名文本框、公司名称文本框及地址文本框和外边整个大文本框。松开 Shift 键，移动鼠标，当鼠标变成带四个方向的箭头形状时，单击右键，在弹出的快捷菜单中选择"组合"命令，即可将所有对象进行组合，形成一个整体。

注：组合后的对象也可以通过单击鼠标右键，在弹出的快捷菜单中选择"取消组合"命令，使各个对象从中分解出来。

5. 制作多张相同的名片

要制作多张相同的名片，可以将第一张名片进行复制，然后进行多次粘贴操作，得到多张名片。方法是：单击名片的边缘，选中第一张名片，单击鼠标右键，在弹出的快捷菜单中选择"复制"命令，将其复制到剪贴板里。再右击文档空白的地方，在弹出的快捷菜单中选择"粘贴选项"中的"保留源格式"项，得到另一张名片，再如此粘贴 2 次，得到一共 4 张名片。

6. 合理对齐分布多张名片

为了节省纸张，我们可以在一页纸内放置多张名片。如何在一张 A4 纸内整齐均匀地放置多张名片呢？下面以我们刚做好的名片为例来说明排版方法。根据单张名片的大小可估算出在我们设置好的页面中大概能排列 8 张名片。操作的具体方法如下：

（1）选定某一张名片，按住鼠标左键将其移动到页面的左下角，松开鼠标。单击"绘图工具/格式"选项卡，在"排列"组中单击"对齐"按钮，在弹出的下拉列表中选择"对齐边距"选项，再次单击"对齐"按钮，在弹出的下拉列表中选择"底端对齐"选项。

（2）选定另一张名片，将其移到页面的左上角，单击"绘图工具/格式"选项卡，在"排列"组中单击"对齐"按钮，在弹出的下拉列表中选择"对齐边距"选项，再次单击"对齐"按钮，在弹出的下拉列表中选择"顶端对齐"选项。

（3）把页面内的 4 张名片都选中。方法是：选中其中一张后，按住 Shift 键，依次选中其他 3 张。单击"绘图工具/格式"选项卡"排列"组中的"对齐"按钮，在弹出的下拉列表中选择"对齐边距"；再次单击"对齐"按钮，在弹出的下拉列表中选择"左对齐"；又一次单击"对齐"按钮，在弹出的下拉列表中选择"纵向分布"。

（4）此时 4 张名片都还处于被选中的状态下，单击"绘图工具/格式"选项卡"排列"组中的"组合"按钮，在弹出的下拉列表中选择"组合"，将这 4 张名片进行组合。

（5）在组合对象被选中的状态下，按键盘的 Ctrl+C 组合键进行复制，再按 Ctrl+V 组合键进行粘贴，得到另外 4 张名片。

（6）通过操作键盘的方向键整体移动后 4 张名片的位置，使其与前 4 张名片水平对齐分布，设置右对齐边距。

经过以上几步操作后，一版整齐的名片就做出来了。看看你未来是哪个公司的新员工，现在是不是可以通过自己学习的内容为企业提供一个小小的服务了呢？

学以致用 2　Excel 2010 销售记录表数据分析

实例简介

销售部的老张要对 2012 年 9 月 12 日负责代理品牌的家电销售数据（如图 2-1 所示）进行统计，他要了解家电在各个地区的销售情况，并根据各种条件分类统计销售数据的内容。

	A	B	C	D	E	F	G
1				销售记录表			
2	日期	地区	产品	型号	数量	单价	销售总额
3	2012-9-12	广州	洗衣机	AQH	18	1600	28800
4	2012-9-12	上海	洗衣机	AQH	20	1600	32000
5	2012-9-12	广州	彩电	BJ-1	18	3600	64800
6	2012-9-12	上海	彩电	BJ-1	20	3600	72000
7	2012-9-12	北京	彩电	BJ-2	15	5900	88500
8	2012-9-12	北京	彩电	BJ-2	20	5900	118000
9	2012-9-12	广州	电冰箱	BY-3	55	2010	110550
10	2012-9-12	上海	电冰箱	BY-3	50	2010	100500
11	2012-9-12	广州	音响	JP	23	8000	184000
12	2012-9-12	广州	音响	JP	33	8000	264000
13	2012-9-12	北京	微波炉	NN-K	20	4100	82000
14	2012-9-12	北京	微波炉	NN-K	25	4050	101250

图 2-1　销售记录表

实例制作

要做好 Excel 表格的数据统计分析，必须了解如下 Excel 数据统计分析的基本内容：

（1）Excel 排序，通过 Excel 排序可以使得排序列数据按照一定的规则从大到小或从小到大进行重新排序。

（2）Excel 筛选，通过筛选可以查询到各种符合条件的数据。

（3）Excel 分类汇总，通过分类汇总可以迅速了解各销售统计数据。

（4）Excel 数据透视表，通过数据透视表可以全方位、多维度地了解各类数据的总体销售情况。

1．数据排序

排序操作要求：对"销售记录表"按地区升序排序；地区相同时，按产品升序排序；产品相同时，按型号升序排序；型号相同时，按数量降序排序。

操作步骤如下：

（1）单击数据表中的任一单元格，单击"数据"选项卡"排序和筛选"组中的"排序"按钮，如图 2-2 所示。

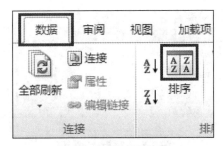

图 2-2　"排序"按钮

（2）对弹出的"排序"对话框设置排序条件，如图 2-3 所示。

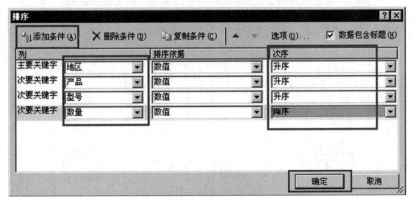

图 2-3　排序条件设置

（3）单击"确定"按钮，得到结果如图 2-4 所示。

日期	地区	产品	型号	数量	单价	销售总额
2012-9-12	北京	彩电	BJ-2	20	5900	118000
2012-9-12	北京	彩电	BJ-2	15	5900	88500
2012-9-12	北京	电冰箱	RS-2	30	1690	50700
2012-9-12	北京	电冰箱	RS-2	19	1690	32110
2012-9-12	北京	微波炉	NN-K	43	4050	174150
2012-9-12	北京	微波炉	NN-K	25	4050	101250
2012-9-12	北京	微波炉	NN-K	20	4100	82000
2012-9-12	广州	彩电	BJ-1	18	3600	64800
2012-9-12	广州	电冰箱	BY-3	55	2010	110550
2012-9-12	广州	洗衣机	AQH	18	1600	28800
2012-9-12	广州	音响	JP	33	8000	264000
2012-9-12	广州	音响	JP	23	8000	184000
2012-9-12	上海	彩电	BJ-1	20	3600	72000
2012-9-12	上海	电冰箱	BY-3	50	2010	100500
2012-9-12	上海	微波炉	NN-K	23	4100	94300
2012-9-12	上海	洗衣机	AQH	20	1600	32000

图 2-4　排序结果

2. 数据筛选

操作要求：筛选出"销售总额"大于 50000 且销售地区在广州的销售记录。

操作步骤如下：

（1）单击数据表中任一单元格，单击"数据"选项卡"排序和筛选"组中的"筛选"按钮，如图 2-5 所示。

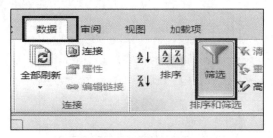

图 2-5　"筛选"按钮

（2）在"地区"列下拉框中选择"广州"，单击"确定"按钮，如图 2-6 所示。

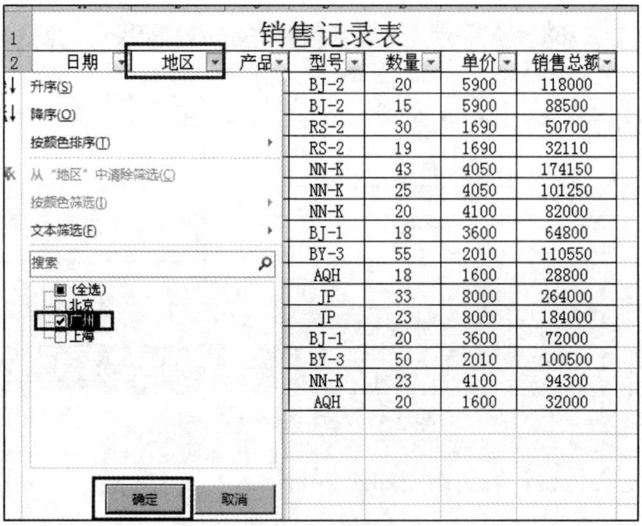

图 2-6　地区筛选

（3）在"销售总额"列中选择"数字筛选"→"大于"，单击"确定"按钮，如图 2-7 所示。

图 2-7　销售总额筛选

（4）在"自定义自动筛选方式"对话框中关系栏选择"大于"，数值栏输入"50000"，如图 2-8 所示，单击"确定"按钮，即可筛选出销售总额大于 5000 的记录，结果如图 2-9 所示。

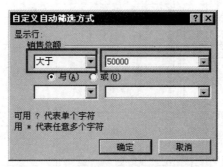

图 2-8　"自定义自动筛选方式"对话框

销售记录表

日期	地区	产品	型号	数量	单价	销售总额
2012-9-12	广州	彩电	BJ-1	18	3600	64800
2012-9-12	广州	电冰箱	BY-3	55	2010	110550
2012-9-12	广州	音响	JP	33	8000	264000
2012-9-12	广州	音响	JP	23	8000	184000

图 2-9　筛选结果表

3．数据分类汇总

操作要求：按地区分类汇总各地区的销售总额。

注意：分类汇总前务必对分类的字段进行排序。

操作步骤如下：

（1）单击"数据"选项卡"排序和筛选"组中的"排序"，主关键字选择"地区"，先对所在地区进行排序。

（2）单击"数据"选项卡"分级显示"组中的"分类汇总"，设置"分类汇总"对话框中分类字段为"地区"，汇总方式为"求和"，选定汇总项为"销售总额"，如图 2-10 所示，单击"确定"按钮，得到结果如图 2-11 所示。

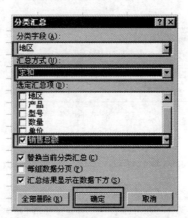

图 2-10　"分类汇总"对话框

1 2 3		A	B	C	D	E	F	G
	1				销售记录表			
	2	日期	地区	产品	型号	数量	单价	销售总额
	3	2012-9-12	北京	彩电	BJ-2	15	5900	88500
	4	2012-9-12	北京	彩电	BJ-2	20	5900	118000
	5	2012-9-12	北京	电冰箱	RS-2	19	1690	32110
	6	2012-9-12	北京	电冰箱	RS-2	30	1690	50700
	7	2012-9-12	北京	微波炉	NN-K	20	4100	82000
	8	2012-9-12	北京	微波炉	NN-K	25	4050	101250
	9	2012-9-12	北京	微波炉	NN-K	43	4050	174150
	10		北京 汇总					646710
	11	2012-9-12	广州	彩电	BJ-1	18	3600	64800
	12	2012-9-12	广州	电冰箱	BY-3	55	2010	110550
	13	2012-9-12	广州	洗衣机	AQH	18	1600	28800
	14	2012-9-12	广州	音响	JP	23	8000	184000
	15	2012-9-12	广州	音响	JP	33	8000	264000
	16		广州 汇总					652150
	17	2012-9-12	上海	彩电	BJ-1	20	3600	72000
	18	2012-9-12	上海	电冰箱	BY-3	50	2010	100500
	19	2012-9-12	上海	微波炉	NN-K	23	4100	94300
	20	2012-9-12	上海	洗衣机	AQH	20	1600	32000
	21		上海 汇总					298800
	22		总计					1597660

图 2-11　分类汇总结果

　　分类汇总后，数据表左上角出现 [1][2][3] 3 个层次的数据，其中第 3 层次显示数据表的明细数据与汇总数据，第 2 层次显示分地区汇总数据，如图 2-12 所示，第 1 层次则是全部地区汇总结果，如图 2-13 所示。

1 2 3		A	B	C	D	E	F	G
	1				销售记录表			
	2	日期	地区	产品	型号	数量	单价	销售总额
	10		北京 汇总					646710
	16		广州 汇总					652150
	21		上海 汇总					298800
	22		总计					1597660
	23							
	24							

图 2-12　分地区汇总数据

1 2 3		A	B	C	D	E	F	G
	1				销售记录表			
	2	日期	地区	产品	型号	数量	单价	销售总额
	22		总计					1597660
	23							

图 2-13　全部地区汇总数据

4．创建数据透视表

　　操作要求：统计不同地区不同产品销售总额的数据透视表，并创建该数据透视表的数据透视图。

　　知识补充：对于数据表中多字段的统计及分类汇总可以考虑使用数据透视表。

操作步骤如下：

（1）选中数据表任一单元格，单击"插入"选项卡"表格"组中"数据透视表"→"数据透视表（T）"，如图 2-14 所示。

图 2-14　"数据透视表"下拉菜单

（2）弹出"创建数据透视表"对话框，在"请选择要分析的数据"中选择"选择一个表或区域"，单击"确定"按钮，如图 2-15 所示。按住鼠标左键把"地区"拖到表格中"列字段"，把"产品"拖到"行字段"，把"销售总额"拖到"值字段"，如图 2-16 所示，透视表结果如图 2-17 所示。

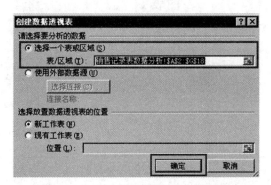

图 2-15　"创建数据透视表"对话框

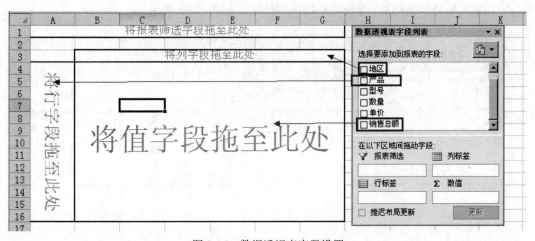

图 2-16　数据透视表字段设置

	A	B	C	D	E
1		将报表筛选字段拖至此处			
2					
3	求和项:销售总额	地区 ▼			
4	产品 ▼	北京	广州	上海	总计
5	彩电	206500	64800	72000	343300
6	电冰箱	82810	110550	100500	293860
7	微波炉	357400		94300	451700
8	洗衣机		28800	32000	60800
9	音响		448000		448000
10	总计	646710	652150	298800	1597660

图 2-17　数据透视表结果

5. 创建数据透视图

继续上例完成数据透视图的制作。操作步骤如下：

（1）单击数据透视表中任一数据，单击"插入"选项卡"表格"组中"数据透视表"→"数据透视图"，出现如图 2-18 所示结果。

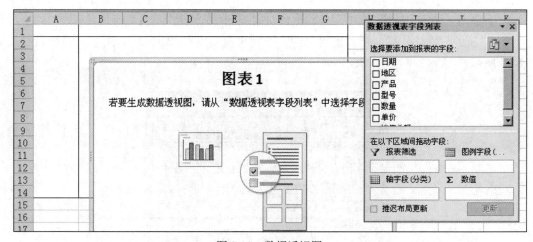

图 2-18　数据透视图

（2）按住鼠标左键把"地区"拖到表格中"图例字段"，把"产品"拖到"轴字段"，把"销售总额"拖到"数值"，得到数据透视图结果，如图 2-19 所示。

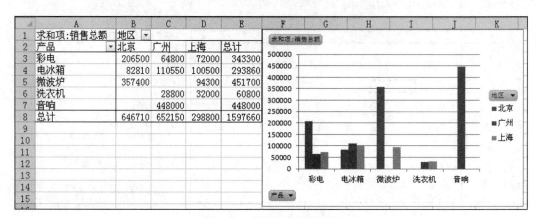

图 2-19　数据透视图结果

6. 利用图表分析销售情况

在以上数据透视表的基础上，用三维分离饼图展示每个地区电器销售总额占总销售额的百分比。

操作步骤如下：

（1）选择数据区域，把数据透视表内容复制到新表格中，选择单元格区域 B1:D1，按下 Ctrl 键，选择单元格区域 B4:D4，即可把参与制作饼图的数据选择好，如图 2-20 所示。

	A	B	C	D	E
1	产品	北京	广州	上海	总计
2	彩电	206500	64800	72000	343300
3	电冰箱	82810	110550	100500	293860
4	微波炉	357400		94300	451700
5	洗衣机		28800	32000	60800
6	音响		448000		448000
7	总计	646710	652150	298800	1597660
8					

图 2-20　数据区域选择

（2）单击"插入"选项卡"插图"组中"图表"→"饼图"→"三维分离型饼图"，如图 2-21 所示，得到结果如图 2-22 所示。

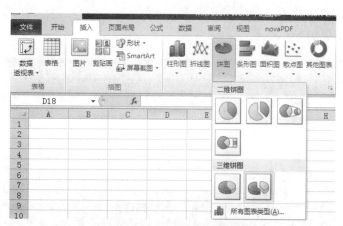

图 2-21　饼图插入菜单

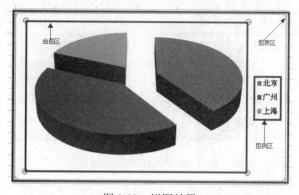

图 2-22　饼图结果

　　在绘图区、图表区、图例区单击右键或双击鼠标左键，可以设置不同的图表格式，各类对象格式设置对话框如图 2-23 所示。

图 2-23　各区域格式设置对话框

　　（3）让该饼图显示数值及百分比，选择"图表工具/设计"选项卡，选择最左边的样式，如图 2-24 所示，结果如图 2-25 所示。

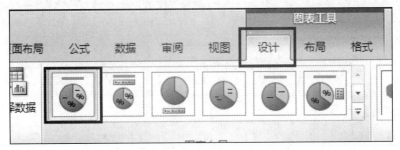

图 2-24　设计饼图格式

分地区销售饼图

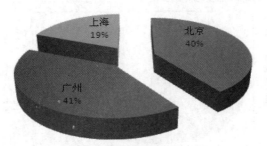

图 2-25　显示百分比的饼图

学以致用 3   Excel 2010 员工工资表数据统计管理

实例简介

财务部的老张要对每个月的工资表做一些统计工作，样表如图 3-1 所示，其中统计的内容为计算出每位人员的应发工资，分部门统计当月发工资的人数及部分的工资总和，计算每个部门的平均工资。

编号	姓名	部门	基本工资	奖金	社会保险	应发工资	个人所得税	实发工资		部门	人数	实发工资	平均工资
								员工工资总表					
001	王应富	机关	7,021.00	2,000.00	1,263.78	7,757.22	856.44			机关			
002	曾冠琛	销售部	4,813.00	800.00	866.34	4,746.66	347.00			销售部			
003	关俊民	客服中心	4,513.00	3,000.00	812.34	6,700.66	645.13			客服中心			
004	曾丝华	客服中心	2,222.00	3,000.00	399.96	4,822.04	358.31			研发部			
005	王文平	研发部	4,516.00	800.00	812.88	4,503.12	310.47			业务部			
006	孙娜	客服中心	2,016.00	300.00	362.88	1,953.12	17.66			后勤部			
007	丁怡瑾	业务部	4,814.00	2,000.00	866.52	5,947.48	527.12			机关			
008	蔡少娜	后勤部	4,814.00	300.00	866.52	4,247.48	272.12			产品开发部			
009	罗建军	机关	4,513.00	3,000.00	812.34	6,700.66	645.13			人事部			
010	肖羽雅	后勤部	1,815.00	2,000.00	326.70	3,488.30	163.83			财务部			
011	甘晓聪	机关	1,817.00	300.00	327.06	1,789.94	9.50						
012	姜雪	后勤部	1,710.00	300.00	307.80	1,702.20	5.11						

图 3-1   员工工资表

实例制作

操作要求：

（1）计算实发工资，实发工资=应发工资−个人所得税。

（2）分部门统计部门人数总和，实发工资总和，部门平均工资。

提示：分部门统计人数可以使用 COUNTIF 函数，分部门统计实发工资可以使用 SUMIF 函数。

1. 公式和函数计算合计项

预备知识：Excel 2010 创建公式的步骤：

1）选中输入公式的单元格。

2）输入等号。

3）在单元格或编辑框中输入公式。

4）按 Enter 键，完成公式的创建。

（1）创建员工工资表的基本公式，计算每位员工的实发工资。

操作步骤如下：

1）单击需要输入公式的单元格 I3，并输入"="，如图 3-2 所示。输入公式必须以等号"="开头，例如= Al+A2，这样 Excel 才知道我们输入的是公式，而不是一般的文字数据。

	A	B	C	D	E	F	G	H	I
1				**员工工资总表**					
2	编号	姓名	部门	基本工资	奖金	社会保险	应发工资	个人所得税	实发工资
3	001	王应富	机关	7,021.00	2,000.00	1,263.78	7,757.22	856.44	=|

图 3-2　输入公式步骤一

2）接着输入"="之后的公式，在单元格 G3 上单击，Excel 便会将 G3 输入到编辑栏中，再输入键盘上的"-"，然后选取 H3 单元格，如此公式的内容便输入完成了，如图 3-3 所示。

SUM				f_x	=G3-H3				
	A	B	C	D	E	F	G	H	I
1				**员工工资总表**					
2	编号	姓名	部门	基本工资	奖金	社会保险	应发工资	个人所得税	实发工资
3	001	王应富	机关	7,021.00	2,000.00	1,263.78	7,757.22	856.44	=G3-H3

图 3-3　输入公式步骤二

3）最后单击编辑栏上的输入钮 ✓ 或按下键盘上的 Enter 键，公式计算的结果马上显示在 I3 单元格中，如图 3-4 所示。

A	B	C	D	E	F	G	H	I
			员工工资总表					
编号	姓名	部门	基本工资	奖金	社会保险	应发工资	个人所得税	实发工资
001	王应富	机关	7,021.00	2,000.00	1,263.78	7,757.22	856.44	6,900.78
002	曾冠琛	销售部	4,813.00	800.00	866.34	4,746.66	347.00	
003	关俊民	客服中心	4,513.00	3,000.00	812.34	6,700.66	645.13	

图 3-4　输入公式步骤三

4）把光标定位到已算出结果的 I3 单元格，把光标移到 I3 单元格的右下角，当光标由空心的十字变成实心的十字时，按住鼠标左键不放，拖动公式填充至 I167 单元格，即可得到每位员工的实发工资总和，结果如图 3-5 所示。

			员工工资总表					
编号	姓名	部门	基本工资	奖金	社会保险	应发工资	个人所得税	实发工资
001	王应富	机关	7,021.00	2,000.00	1,263.78	7,757.22	856.44	6,900.78
002	曾冠琛	销售部	4,813.00	800.00	866.34	4,746.66	347.00	4,399.66
003	关俊民	客服中心	4,513.00	3,000.00	812.34	6,700.66	645.13	6,055.53
004	曾丝华	客服中心	2,222.00	3,000.00	399.96	4,822.04	358.31	4,463.73
005	王文平	技术部	4,516.00	800.00	812.88	4,503.12	310.47	4,192.65
006	孙娜	客服中心	2,016.00	300.00	362.88	1,953.12	17.66	1,935.46
007	丁怡瑾	业务部	4,814.00	2,000.00	866.52	5,947.48	527.12	5,420.36
008	蔡少娜	后勤部	4,814.00	2,000.00	866.52	4,247.48	272.12	3,975.36
009	罗建军	机关	4,513.00	3,000.00	812.34	6,700.66	645.13	6,055.53
010	肖羽雅	后勤部	1,815.00	2,000.00	326.70	3,488.30	163.83	3,324.47
011	甘晓聪	机关	1,817.00	300.00	327.06	1,789.94	9.50	1,780.44
012	姜雪	后勤部	1,710.00	300.00	307.80	1,702.20	5.11	1,697.09
013	郑敏	产品开发	4,814.00	-200.00	866.52	3,747.48	197.12	3,550.36
014	陈芳芳	销售部	2,215.00	800.00	398.70	2,616.30	76.63	2,539.67
015	蓝世华	技术部	5,017.00	300.00	903.06	4,413.94	297.09	4,116.85

图 3-5　实发工资部分结果

（2）统计每个部门的总人数、实发工资总和及平均工资。

在员工工资统计表中统计每个部门的总人数及实发工资总和可以使用 COUNTIF 与 SUMIF 函数实现。COUNTIF 与 SUMIF 函数提供了按条件计数及按条件求和的基本功能。

知识补充：

1）COUNTIF 函数

功能：对区域中满足单个指定条件的单元格进行计数。

语法：COUNTIF(Range, Criteria)

COUNTIF 函数语法具有下列参数（参数为操作、事件、方法、属性、函数或过程提供信息的值）：

Range：必需，要对其进行计数的一个或多个单元格，其中包括数字或名称、数组或包含数字的引用。空值和文本值将被忽略。

Criteria：必需，用于定义将对哪些单元格进行计数的数字、表达式、单元格引用或文本字符串。例如，条件可以表示为：32、">32"、B4、"苹果" 或 "32"。

2）SUMIF 函数

功能：可以对区域中符合指定条件的值求和（区域：工作表上的两个或多个单元格。区域中的单元格可以相邻或不相邻）。

语法：SUMIF(Range, Criteria, [Sum_Range])

SUMIF 函数语法具有以下参数：

Range：必需，用于条件计算的单元格区域。每个区域中的单元格都必须是数字或名称、数组或包含数字的引用。空值和文本值将被忽略。

Criteria：必需，用于确定对哪些单元格求和的条件，其形式可以为数字、表达式、单元格引用、文本或函数。例如，条件可以表示为：32、">32"、B5、32、"32"、"苹果" 或 TODAY()。

注意：任何文本条件或任何含有逻辑或数学符号的条件都必须使用英文双引号（"）括起来。如果条件为数字，则无需使用双引号。

Sum_Range：可选，要求和的实际单元格（如果要对未在 Range 参数中指定的单元格求和）。如果 Sum_Range 参数被省略，Excel 会对在 Range 参数中指定的单元格（即应用条件的单元格）求和。

统计每个部门总人数的操作步骤如下：

①选定"人数"列下的单元格，如图 3-6 所示，在编辑栏输入公式=COUNTIF(C3:C167, K7)（注：凡是公式中的符号都是半角的符号，输入全角符号将会导致公式出错），函数输入的最终结果如图 3-7 所示。按回车键，即可得到机关的人数，如图 3-8 所示。

②使用填充柄对其他部门的"人数"列填充公式，填充前务必要把计算"机关"人数的公式中的部门区域 C3:C167 改为绝对引用，即将原公式的"=COUNTIF(C3:C167,K7)"改为"=COUNTIF ($C$3:$C$167,K7)"后才可以向下填充公式，以得到其他部门的人数。填充公式后结果如图 3-9 所示。

部门	人数	实发工资	平均工资
机关			
销售部			
客服中心			
技术部			
业务部			
后勤部			
机关			
产品开发部			
人事部			
财务部			

图 3-6　选择函数输入位置

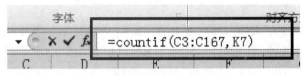

图 3-7　编辑栏 COUNTIF 函数

部门	人数	实发工资	平均工资
机关	5		
销售部			
客服中心			
技术部			
业务部			
后勤部			
机关			
产品开发部			
人事部			
财务部			

图 3-8　COUNTIF 函数结果

部门	人数	实发工资	平均工资
机关	5		
销售部	33		
客服中心	21		
技术部	34		
业务部	18		
后勤部	23		
机关	5		
产品开发部	20		
人事部	7		
财务部	4		

图 3-9　COUNTIF 函数填充公式结果

知识补充：单元格的引用。相对引用如 C3，绝对引用如$C$3，混合引用如 C$3。

1）相对引用，复制或填充公式时地址跟着发生变化，如 C1 单元格有公式：=A1+B1

当将公式复制到 C2 单元格时变为：=A2+B2

当将公式复制到 D1 单元格时变为：=B1+C1

2）绝对引用，复制或填充公式时地址不会跟着发生变化，如 C1 单元格有公式：=$A$1+$B$1

当将公式复制到 C2 单元格时仍为：=$A$1+$B$1

当将公式复制到 D1 单元格时仍为：=$A$1+$B$1

3）混合引用，复制或填充公式时地址的部分内容跟着发生变化，如 C1 单元格有公式：=$A1+B$1

当将公式复制到 C2 单元格时变为：=$A2+B$1

当将公式复制到 D1 单元格时变为：=$A1+C$1

统计每个部门实发工资总和的操作步骤如下：

①将光标定位在"实发工资"列的第一个单元格，如图 3-10 所示，输入公式"=SUMIF(C3:C167,K7,I3:I167)"，如图 3-11 所示，按下 Enter 键得到第一个部门的实发工资总和结果，如图 3-12 所示。

部门	人数	实发工资	平均工资
机关	5		
销售部	33		
客服中心	21		
技术部	34		
业务部	18		
后勤部	23		
机关	5		
产品开发部	20		
人事部	7		
财务部	4		

图 3-10　SUMIF 函数应用位置

=SUMIF(C3:C167,K7,I3:I167)

图 3-11　SUMIF 函数录入公式内容

部门	人数	实发工资	平均工资
机关	5	17982.21	
销售部	33		
客服中心	21		
技术部	34		
业务部	18		
后勤部	23		
机关	5		
产品开发部	20		
人事部	7		
财务部	4		

图 3-12　SUMIF 函数结果

②往下填充公式时，考虑到 SUMIF 函数的条件范围及求和范围对于每个部门都是一致的，即函数的条件范围是 C3:C167，求和范围是 I3:I167，因此往下填充公式前应把条件范围及求和范围改为绝对引用，如图 3-13 所示。往下填充公式，即可得到其他部门的实发工资总和，如图 3-14 所示。

图 3-13　SUMIF 函数绝对引用

部门	人数	实发工资	平均工资
机关	5	17982.21	
销售部	33	95307.12	
客服中心	21	60735.71	
技术部	34	119296.57	
业务部	18	55922.05	
后勤部	23	54758.19	
机关	5	17982.21	
产品开发部	20	62784.34	
人事部	7	20574.49	
财务部	4	13735.61	

图 3-14　SUMIF 函数公式填充结果

统计每个部门平均工资的操作步骤如下：

注意：平均工资=部门实发工资总和/部门人数

选中"平均工资"列的第一个单元格，输入公式"=M7/ L7"，如图 3-15 所示，按回车键即可得到该部门的平均工资。往下填充公式即可得到其他部门的平均工资，如图 3-16 所示。

部门	人数	实发工资	平均工资
机关	5	17982.21	=M7/ L7
销售部	33	95307.12	
客服中心	21	60735.71	
技术部	34	119296.57	
业务部	18	55922.05	
后勤部	23	54758.19	
机关	5	17982.21	
产品开发部	20	62784.34	
人事部	7	20574.49	
财务部	4	13735.61	

图 3-15　平均工资公式

部门	人数	实发工资	平均工资
机关	5	17982.21	3596.442
销售部	33	95307.12	2888.0945
客服中心	21	60735.71	2892.1767
技术部	34	119296.57	3508.7226
业务部	18	55922.05	3106.7806
后勤部	23	54758.19	2380.7909
机关	5	17982.21	3596.442
产品开发部	20	62784.34	3139.217
人事部	7	20574.49	2939.2129
财务部	4	13735.61	3433.9025

图 3-16　平均工资公式填充后结果图

2. 利用数据导入功能导入外部数据

在 Excel 2010 工作表中导入.txt 文件的操作步骤如下：

（1）打开 Excel 2010，单击"数据"选项卡"获取外部数据"组中的"自文本"按钮，如图 3-17 所示。

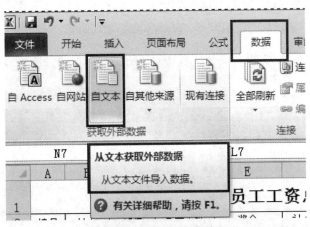

图 3-17　导入文本菜单

（2）在"导入文本文件"对话框中选择需要导入的文件，单击"导入"按钮，弹出如图 3-18 所示的对话框。

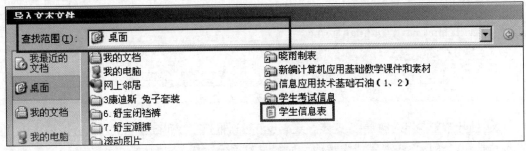

图 3-18　"导入文本文件"对话框

（3）在"文本导入向导-第 1 步，共 3 步"对话框中选择"分隔符号"单选按钮，单击"下一步"按钮，如图 3-19 所示。

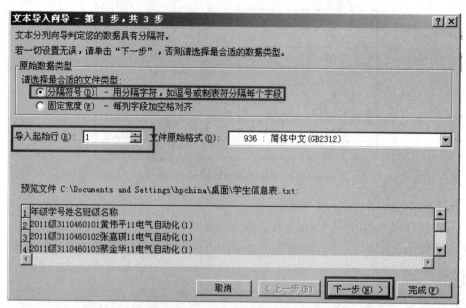

图 3-19　文本导入向导-第 1 步

（4）打开"文本导入向导-第 2 步，共 3 步"对话框，选择分隔符号和文本标识符号，单击"下一步"按钮，如图 3-20 所示。

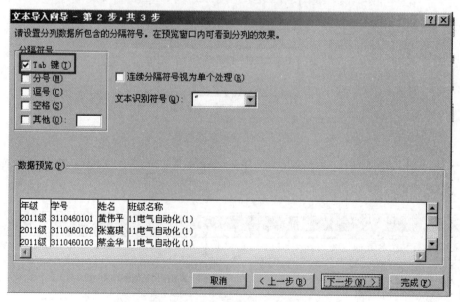

图 3-20　文本导入向导-第 2 步

（5）打开"文本导入向导-第 3 步，共 3 步"对话框，在"列数据格式"组合框中选中"文本"单选按钮，然后单击"完成"按钮，如图 3-21 所示。

文本导入向导 - 第 3 步，共 3 步
使用此屏内容可选择各列，并设置其数据格式。
列数据格式
常规(G)
文本(T)
日期(D): YMD
不导入此列(跳过)(I)
“常规”数据格式将数值转换成数字，日期值会转换成日期，其余数据则转换成文本。
高级(A)...
数据预览(P)
文本 常规 常规 常规
年级 学号 姓名 班级名称
2011级 3110460101 黄伟平 11电气自动化(1)
2011级 3110460102 张嘉琪 11电气自动化(1)
2011级 3110460103 蔡金华 11电气自动化(1)
取消
< 上一步(B)
下一步(N) >
完成(F)

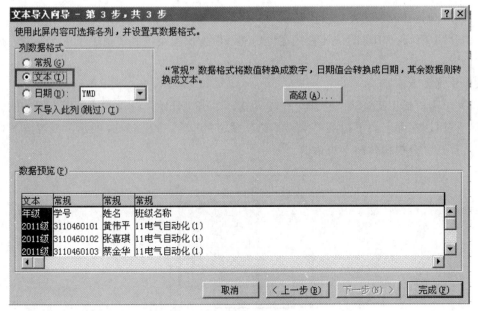

图 3-21 文本导入向导-第 3 步

（6）此时会弹出一个“导入数据”对话框，如图 3-22 所示，在其中选择“新工作表”单选按钮，单击“确定”按钮。

导入数据
数据的放置位置
现有工作表(E):
=$N$7
新工作表(N)
属性(R)...
确定
取消

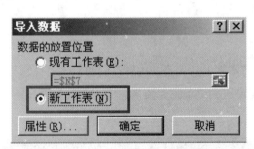

图 3-22 “导入数据”对话框

（7）返回到 Excel 工作表，就可以看到数据导入成功了，而且排列整齐，导入成功后结果如图 3-23 所示。

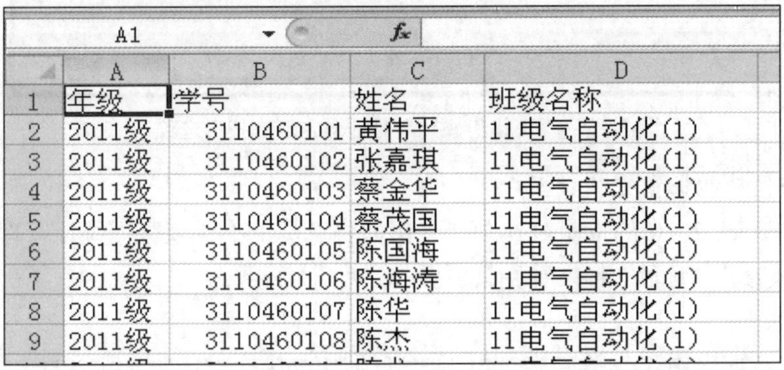

A1
A B C D
1 年级 学号 姓名 班级名称
2 2011级 3110460101 黄伟平 11电气自动化(1)
3 2011级 3110460102 张嘉琪 11电气自动化(1)
4 2011级 3110460103 蔡金华 11电气自动化(1)
5 2011级 3110460104 蔡茂国 11电气自动化(1)
6 2011级 3110460105 陈国海 11电气自动化(1)
7 2011级 3110460106 陈海涛 11电气自动化(1)
8 2011级 3110460107 陈华 11电气自动化(1)
9 2011级 3110460108 陈杰 11电气自动化(1)

图 3-23 数据导入结果截图

3. 利用查找功能快速定位员工记录

下面介绍 Excel 2010 的快速查找定位功能，例如快速定位到"员工工资表"中"孙娜"所在的位置。

操作步骤如下：

（1）单击"员工工资表"中第一个单元格，单击"开始"选项卡"编辑"组中的"查找和选择"按钮，在弹出的下拉菜单中选择"查找…"选项，如图 3-24 所示，或者按下 Ctrl+H 快捷键，打开"查找和替换"对话框。

图 3-24 "查找"选项

（2）在"查找内容"文本框中输入查找内容，例如输入"孙娜"，如图 3-25 所示，单击"查找下一个"按钮，光标立即定位到"员工工资表"中"孙娜"所在的位置，即可实现数据的快速查找。

图 3-25 "查找和替换"对话框之"查找"选项卡

4. 利用替换功能批量更改数据

下面介绍 Excel 2010 的批量替换功能，例如将"员工工资表数据统计管理"中的"技术部"改为"研发部"，下面一起来看看具体操作。

操作步骤如下：

（1）单击数据表中任一单元格，单击"开始"选项卡"编辑"组中的"查找和选择"，选择"替换…"选项，如图 3-26 所示，或者按下 Ctrl+H 组合键，打开"查找和替换"对话框。

图 3-26　"替换"选项

（2）在"查找内容"框输入"技术部"，在"替换为"框输入"研发部"，单击"全部替换"按钮即可完成所有的替换操作，如图 3-27 所示。

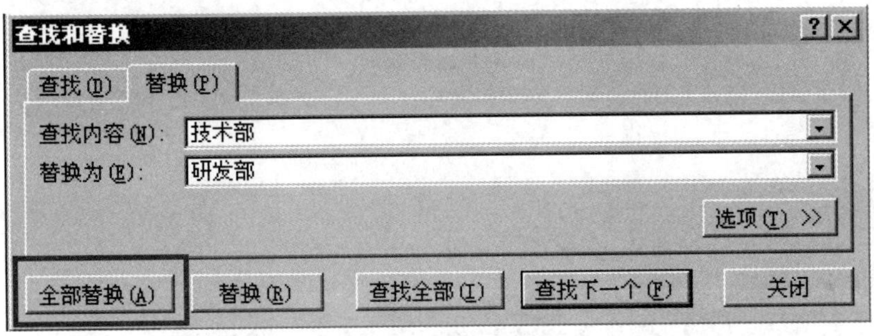

图 3-27　"查找和替换"对话框之"替换"选项卡

补充知识：Excel 的查找功能支持两个通配符：星号"*"和问号"?"。在 Execl 中进行查找和替换时，"?"代表任意单个字符，例如："R??"可查找 ZRNNP 和 FLRMAQ；"*"代表任意多个字符，例如："*王*"可查找"王先生、小王、小王子"。

现在你是不是可以通过自己学习的内容为企业做一些简单的统计工作了呢？

学以致用4　PowerPoint 2010 会议演示文稿制作

实例简介

PowerPoint 是 Microsoft 公司推出的 Office 办公软件的组件之一，是一种操作简单、制作和演示幻灯片的软件，是当今世界最流行也是最简便的幻灯片制作和演示软件之一。以其易用性、智能化和集成性等特点，给用户提供了快速便捷的工作方式。利用 PowerPoint，可以很容易地制作出图文并茂、表现力和感染力极强的演示文稿，广泛应用于课件、电子贺卡、产品演示、广告宣传、会议流程、销售简报等文稿的制作。本例制作一个"2012 年度工作总结会议"演示文稿，效果图如图 4-1 所示。

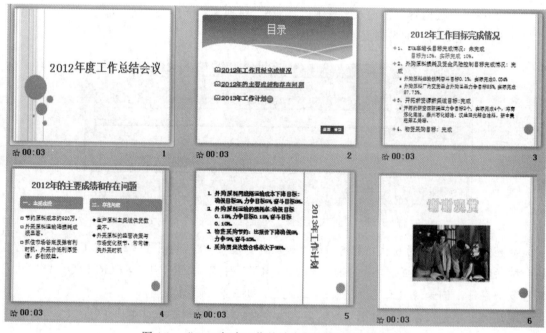

图 4-1　"2012 年度工作总结会议"演示文稿效果图

实例制作

（1）制作演示文稿的基本流程

1）素材的准备：主要是准备演示文稿中需要的一些图片、声音、动画等文件。

2）选好创建演示文稿的方法，按要求插入新幻灯片，选择合适的版式。

3）基本元素的输入：输入文本及插入对象（图片、图表等），并进行编辑。

4）美化演示文稿：选择"设计模板"（注意不同幻灯片可应用不同的模板）、使用配色方案以及背景设置等。

5）设置幻灯片超链接、动画效果。

6）保存演示文稿并放映：保存演示文稿后，设置放映的一些参数，然后播放查看效果，满意后正式输出播放。

（2）创建演示文稿的方法

创建演示文稿有三种常用方法：

● 空演示文稿。

● 根据 Office.com 模板。

● 导入现有文本制作演示文稿。

这三种方法的使用，可根据具体情况来决定：

● 如果尚未考虑好要演示的内容或不知道如何组织该篇演示文稿，可使用"Office.com模板"制作演示文稿。

● 如果对自己要演示的内容已胸有成竹，可以"从零开始"（空演示文稿）制作演示文稿。

● 如果有现存的大纲文本（.doc、.rtf 等），可直接导入制作演示文稿。

1．新建演示文稿

由于会议的内容我们已有所准备，因而采用"空演示文稿"的方法进行创建。以下两种操作方法可任选其中一种：

● 启动 PowerPoint 2010 后会自动创建一个空白演示文稿，其默认文件名为"演示文稿1"；

● 单击"文件"选项卡"新建"命令，单击中间窗格中的"空白演示文稿"，再单击右窗格的"创建"按钮，如图 4-2 所示。

图 4-2　新建空演示文稿窗格

2．保存演示文稿

（1）保存文档

单击快速访问工具栏上的 📁 按钮，也可以单击"文件"选项卡"保存"或"另存为"选项，如图 4-3 所示，打开如图 4-4 所示的对话框，将演示文稿保存为"2012 年度工作总结会.pptx"。

图 4-3　文件保存菜单项

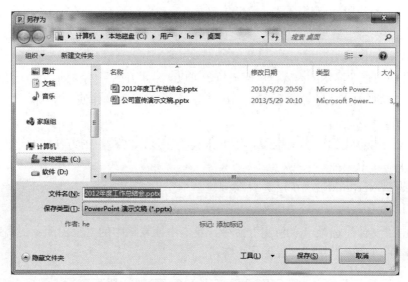

图 4-4　"另存为"对话框

（2）设置演示文稿的安全性

　　单击"文件"选项卡，在"信息"选项卡中间窗格中单击"保护演示文稿"按钮，在弹出的下拉菜单中选择"用密码进行加密"，输入并确认密码，如图 4-5 所示。

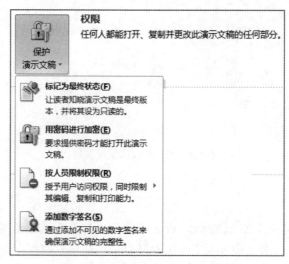

图 4-5　"保护演示文稿"下拉菜单

3. 新增幻灯片

新建演示文稿时，文稿中默认只有一张幻灯片，往往需要自行增加幻灯片，在此实例中，需要在演示文稿中新增五张幻灯片，可以通过以下任意一种方法实现新增幻灯片：

- 在普通视图的左窗格中，选中某张幻灯片后按下 Enter 键或组合键 Ctrl+M，可在该张幻灯片后新建一张幻灯片。
- 在普通视图的大纲/幻灯片窗格中单击鼠标右键，在弹出的快捷菜单中选择"新建幻灯片"命令，可在当前幻灯片后面新建一张幻灯片。
- 选择一张幻灯片，在"开始"选项卡"幻灯片"组中单击"新建幻灯片"按钮可在当前幻灯片的后面新建一张幻灯片，如图 4-6 所示。

图 4-6 "新建幻灯片"按钮

4. 编辑幻灯片内容

接下来，我们需要对幻灯片内容进行编辑，包括在幻灯片中添加文本、编辑文本、设置项目符号和编号等。

（1）利用"开始"选项卡的按钮对文本进行编辑

如设置文本的字体、字号、颜色、文字效果以及行距等（如图 4-7 所示）。例如，将第一张幻灯片的标题设置为华文楷体，50 号，加粗、蓝色。

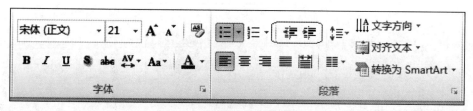

图 4-7 "字体"和"段落"组

（2）为第三张幻灯片的一级文本添加项目符号 ◆，二级文本添加项目符号 ●；为第四张幻灯片添加编号。

操作方法：

单击"开始"选项卡"段落"组中的"项目符号"按钮，会默认添加项目符号 ○，若要选用其他的项目符号，可单击右侧的，在下拉框中选择"项目符号和编号"，便可进行你喜欢的选择及大小颜色的设置了，如图 4-8 所示。

注意：文本的级别可通过"降低列表级别"按钮 或"提高列表级别"按钮 来完成。

为第四张幻灯片添加编号的方法与添加项目符号类似，这里不再赘述。

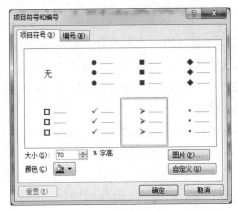

图 4-8　"项目符号和编号"对话框

5. 选择合适的版式

版式是指文本框、图片、表格、图表等在幻灯片上的布局（排列位置）。一般情况下，演示文稿的第一张幻灯片用来显示标题，所以默认为"标题幻灯片"版式。

例如，将演示文稿中的第四张幻灯片的版式设置为"比较"，将第五张幻灯片的版式设置为"内容与标题"。

操作方法：

设置幻灯片版式的方法有两种，可选择任意一种方法完成操作：

（1）分别选中第四、五张幻灯片，单击鼠标右键，在弹出的快捷菜单中选中"版式"命令，分别选择"比较""内容与标题"版式。

（2）分别选中第四、五张幻灯片，选择"开始"选项卡，单击"幻灯片"组中的"版式"按钮，分别选取"比较""内容与标题"版式。PowerPoint 2010 提供了多种幻灯片版式，如图4-9 所示。

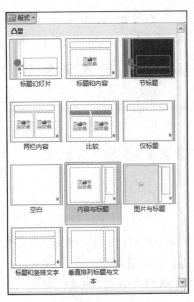

图 4-9　版式面板

6. 应用设计模板

设计模板是专业设计的，它包含了预先定义好的格式和配色方案。应用设计模板是控制演示文稿统一外观最有力、最快捷的一种方法，可以在任何时候应用到演示文稿中。PowerPoint 2010 提供了多种幻灯片模板，用户可根据需要选择其中一种，也可自行设计自己心仪的模板。

例如，先为"2012 年度工作总结会"演示文稿全部应用"凸显"模板，再将演示文稿中的第二张幻灯片的设计模板改为"波形"，效果如图 4-1 所示。

操作方法：

（1）选中任意一张幻灯片缩略图，单击"设计"选项卡，在"主题"组中提供的系统模板中进行选择，单击"主题"面板右侧的向下箭头，可展示所有的系统模板，如图 4-10 所示。例如这里选择"凸显"模板，则所有幻灯片将全部应用该模板。

图 4-10　模板面板

（2）接着，选中第二张幻灯片缩略图，将鼠标移至"波形"模板上方单击鼠标右键，在弹出的快捷菜单中选择"应用于选定幻灯片"，此时，第二张幻灯片的模板被更改为"波形"模板。

注意：

（1）若直接单击某个模板，当前演示文稿中所有幻灯片将全部应用该模板；若想某张或某些幻灯片应用不同模板，需要在你想选取的模板上单击鼠标右键，在弹出的快捷菜单中选择"应用于选定幻灯片"，如图 4-11 所示。

（2）若要引用其他的设计模板，可单击图 4-10 中的"浏览主题…"选项。

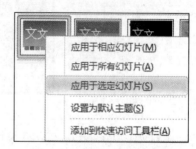

图 4-11　模板应用快捷菜单

7. 插入剪贴画和图片

可想而知，纯文本的演示文稿是单调的，若能在幻灯片中插入一些图片，一定会让演示文稿增加不少的活力。

例如，在"2012 年度工作总结会"演示文稿的第一张和最后一张幻灯片中分别插入一张剪贴画和自己喜欢的图片。

操作方法：

分别选中第一张和最后一张幻灯片缩略图，单击"插入"选项卡，在"图像"组中选择剪贴画或图片，如图 4-12 所示。

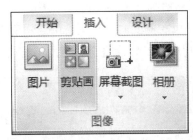

图 4-12　"图像"组

8. 制作摘要幻灯片

在制作演示文稿的过程中，由于工作的需要，经常要为幻灯片制作一个摘要，这样演示时就可以让观众提前知道将要演示的内容。摘要幻灯片就是一张包含了其他幻灯片的标题的幻灯片，就好像一本书的目录页，让你能一目了然更方便清晰地知道余下幻灯片里面的大致内容。通常，摘要幻灯片处于第二张幻灯片的位置。PowerPoint 2010 没有直接提供"摘要幻灯片"制作功能，可以通过以下方法实现"摘要幻灯片"制作，操作步骤如下：

（1）从网络搜索下载相应的加载项，如：生成目录.ppam。

（2）双击运行之后在弹出的"安全声明"对话框中单击"启用宏"按钮，如图 4-13 所示。

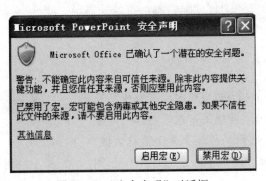

图 4-13　"安全声明"对话框

（3）返回 PowerPoint 2010 编辑窗口，同时选中需要将幻灯片标题作为摘要的幻灯片缩略图，如本例选中第二至第四张幻灯片；

（4）切换到"随书案例"选项卡，单击"生成摘要"组中的"摘要无链接"按钮，如图

4-14 所示，即可在选定的幻灯片之前自动添加没有超链接的摘要幻灯片（如果选择"摘要带链接"按钮，则自动添加带有超链接的摘要幻灯片）。

图 4-14 "摘要无链接"按钮

9. 创建超链接

超链接是实现从一个演示文稿快速跳转到其他演示文稿的捷径。通过超链接不但可以实现同一个演示文稿内不同幻灯片间的跳转和不同演示文稿间的跳转，而且可以在局域网或因特网上实现快速的切换。超链接既可以建立在普通文字上，还可以建立在剪贴画、图形对象等上面。

超链接的几种常见形式：

- 有下划线的超链接。
- 无下划线的超链接。
- 以动作按钮表示的超链接。

例如，为"2012 年度工作总结会"演示文稿的第二张幻灯片中的目录项设置不同形式的超链接。操作步骤如下：

（1）选定第二张幻灯片中要建立超链接的文本或其他对象。

（2）单击"插入"选项卡"链接"组中的"超链接"按钮，或单击鼠标右键，在快捷菜单中选择"超链接"命令，打开"插入超链接"对话框，如图 4-15 所示。

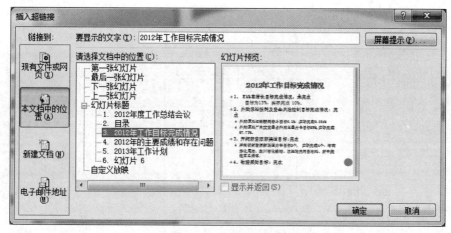

图 4-15 "插入超链接"对话框

（3）在"链接到"列表框中选定要链接的文件或 Web 页，也可以在地址栏中输入需要的超链接，单击"确定"按钮即可建立超链接。

本实例中，我们分别采用了三种方法对第二张目录幻灯片的各项目录设置了超链接，其中的第一、二项目录设置为"有下划线的超链接"，第三项利用了某一形状创建了"无下划线的超链接"，而幻灯片右下角的"返回首页"则是"以动作按钮表示的超链接"，效果如图 4-16 所示。

图 4-16　超链接完成效果图

10. 添加动作按钮

在幻灯片放映时可以通过插入动作按钮来建立超链接，用以切换到任意一张幻灯片或 Web 页。例如，在第二张幻灯片的右下角添加动作按钮[返回 首页]。

操作步骤如下：

（1）选择需插入动作按钮的第二张幻灯片，单击"插入"选项卡"插图"组中的"形状"按钮下部的向下箭头，在展开的形状面板中可看到多个动作按钮，选择你所需要的动作按钮，如图 4-17 所示。

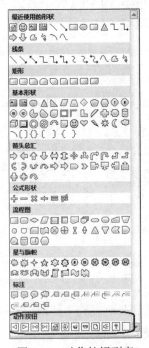

图 4-17　动作按钮列表

（2）在幻灯片上合适位置拖动鼠标指针，便可画出相应形状的动作按钮，同时会打开一个"动作设置"对话框，如图 4-18 所示。

图 4-18　"动作设置"对话框

（3）在"单击鼠标"选项卡中设置单击该按钮时将要执行的操作。

（4）设置完毕后，单击"确定"按钮，即可在幻灯片中插入一动作按钮，放映时单击该按钮，则可切换到设定的幻灯片。

11. 更改配色方案

配色方案是由背景颜色、线条和文本颜色以及其他多种颜色搭配组成的。我们可以把配色方案理解成每个演示文稿所包含的一套颜色设置。

配色方案分为标准配色方案和自定义配色方案，标准配色方案是由系统提供的，自定义配色方案则可由用户根据需要调整色彩配置。

本例实现：

1）利用标准配色方案，为"2012 年度工作总结会"演示文稿中的第一张幻灯片设置背景。

2）利用自定义配色方案，在"2012 年度工作总结会"演示文稿中，将第二张幻灯片的"超链接"方案设置为"红色"。

操作方法：

（1）标准配色方案应用

选取第一张幻灯片，单击"设计"选项卡"主题"组中的"颜色"按钮 颜色▾右侧的向下箭头，展开"内置"面板，这是系统提供的多种配色方案，如图 4-19 所示。选择你所喜欢的某种标准配色方案，单击右键，在弹出的快捷菜单中选择"应用于所选幻灯片"，则该配色方案便应用于第一张幻灯片了。第一张幻灯片重设了配色方案后效果如图 4-20 所示。

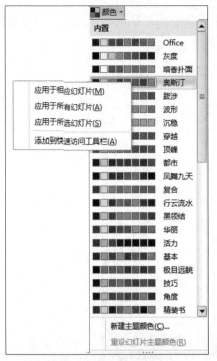

图 4-19　标准配色方案

图 4-20　应用配色方案后效果

（2）自定义配色方案应用

若对系统提供的配色方案均不满意，用户可以自定义或修改已有的配色方案。方法是在图 4-19 中选择"新建主题颜色"，在弹出的对话框中分别设置"超链接"和"已访问超链接"为红色和紫色，如图 4-21 所示，会发现第二张幻灯片的超链接发生了变化，如图 4-22 所示。

图 4-21　自定义配色方案

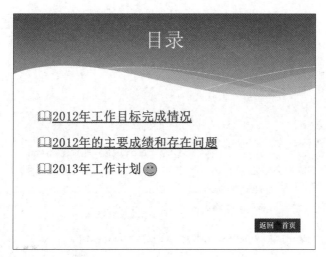

图 4-22　应用新建主题配色方案后效果图

12. 切换效果设置

"幻灯片切换"效果是指两张幻灯片之间的过渡效果。完美的 PPT 幻灯片少不了切换效果和风格，给每张图片加上不同的切换效果，在演讲时播放幻灯片就像是播放动画一样。

例如，将演示文稿中的全部幻灯片的放映效果设置为："淡出""每隔 3 秒"自动切换幻灯片、"风铃"声。

操作方法：

在"切换"选项卡"切换到此幻灯片"组中完成相关设置，如图 4-23 所示，最后单击"全部应用"按钮，该设置将应用于演示文稿中的全部幻灯片。

图 4-23　"切换"选项卡

13. 设置放映方式

幻灯片的输出方式主要是放映。根据幻灯片放映场合的不同，可设置不同的放映方式。

为了适合不同的放映场合，幻灯片可应用不同的放映方式。单击"幻灯片放映"选项卡"设置"组中的"设置幻灯片放映"按钮，打开"设置放映方式"对话框，如图 4-24 所示。

放映类型有三种，分别为：

● 演讲者放映：是一种便于演讲者演讲的放映方式，也是传统的全屏幻灯片放映方式。在该方式下可以手动切换幻灯片和动画，或使用"幻灯片放映"选项卡"设置"组中的"排练计时"按钮　来设置排练时间。

● 观众自行浏览：是一种让观众自行观看的放映方式。此方式将在标准窗口中放映幻灯片，其中包含自定义菜单和命令，便于观众浏览演示文稿。

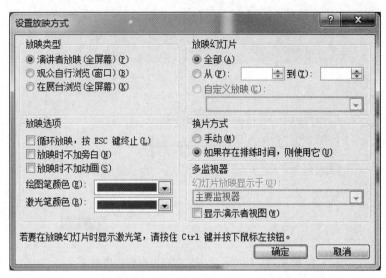

图 4-24　"设置放映方式"对话框

- 在展台浏览：使用全屏模式放映幻灯片，如果 5 分钟没有收到任何指令会重新开始放映。在该方式下，观众可以切换幻灯片，但不能更改演示文稿。

选择其中一种放映方式，单击"确定"按钮可设置相应的放映方式。

幻灯片的放映可使用"幻灯片放映"选项卡"开始放映幻灯片"组中的 📽 或 🎞 按钮，也可直接单击右下角的 🖵 按钮，或按 F5 键进行演示文稿的放映。单击 🖵 通常是从当前幻灯片开始放映，而按 F5 键会从头开始播放。演示文稿的放映可分为手动播放和自动播放两种方式，手动播放一般是通过单击鼠标实现，而自动播放可根据排练时间或设置幻灯片切换时间来实现。

14. 打印演示文稿

演示文稿的内容除了可以通过放映的方式展现给观众外，还可以将其打印到打印纸或透明胶片上。在将演示文稿打印出来之前，需进行相关的设置。

（1）页面设置

对打印的页面进行设置，具体操作如下：

1）打开要打印的演示文稿。

2）单击"设计"选项卡"页面设置"组中的"页面设置"按钮 🖼，打开"页面设置"对话框，如图 4-25 所示。

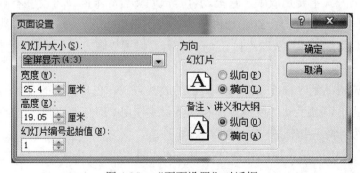

图 4-25　"页面设置"对话框

3）在"幻灯片大小"下拉列表框中可选择所需的纸张选项，在"方向"框的"幻灯片"栏中可设置幻灯片在纸上的放置方向，完成后单击"确定"按钮。

（2）打印预览和打印

打印预览和打印演示文稿的具体操作如下：

1）打开需打印的演示文稿，单击快速访问工具栏上的 命令按钮，在展开的菜单选择"打印预览和打印"命令，如图4-26所示。

图4-26　"打印预览和打印"菜单选项

2）单击"文件"选项卡下的"打印"选项，打印窗口如图4-27所示，按要求完成各项设置。

3）设置完毕后，单击"打印"按钮即可打印。

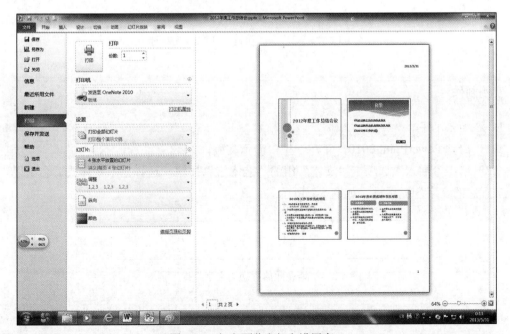

图4-27　打印预览和打印设置窗口

学以致用 5　PowerPoint 2010 公司宣传演示文稿制作

实例简介

在越来越激烈的市场竞争中，公司宣传企业品牌和树立企业形象已是不可或缺的部分，在推广活动中，往往可以通过制作和演示一个精美的公司宣传片演示文稿来让客户更全面和直观地了解自己公司的情况。一个好的公司宣传片，不能仅靠呆板枯燥的文字说明，而应该通过多运用 PowerPoint 提供的图示、图表功能，动画设置来达到图文并茂、生动美观、引人入胜的效果。

本例将通过制作一份"浪海广告公司宣传片"来讲述利用 PowerPoint 2010 软件制作宣传幻灯片的方法。通过本例，我们将向读者介绍在 PowerPoint 2010 中插入各类对象并进行编辑，设置背景、页眉和页脚等的方法。"浪海广告公司宣传片"的效果如图 5-1 所示。

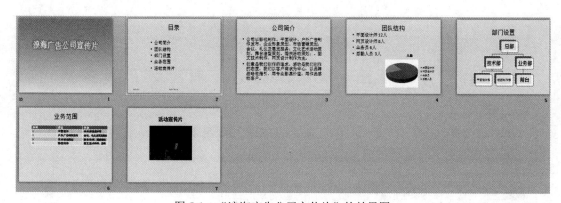

图 5-1　"浪海广告公司宣传片"的效果图

实例制作

1.　添加艺术字

（1）启动 PowerPoint 2010，新建一空白演示文稿。

（2）单击"插入"选项卡"文本"组的"艺术字"按钮，选择艺术字样式后会出现"请在此放置您的文字"提示框，如图 5-2 所示。

请在此放置您的文字

图 5-2　"请在此放置您的文字"提示框

（3）单击提示框输入文字，并对艺术字进行颜色、轮廓和效果的设置，如图 5-3 所示。

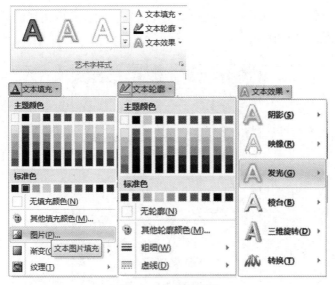

图 5-3　艺术字设置

2. 设置自定义动画效果

（1）选定要添加动画的对象，例如第一张幻灯片中的艺术字，选择"动画"选项卡"动画"组中的动画效果，在展开的效果设置面板中选中某种效果，例如选择"形状"效果，如图5-4 所示。在"效果选项"中选择"形状"→"圆"。

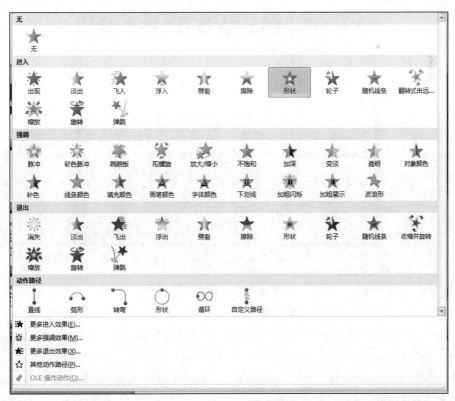

图 5-4　动画效果选项

（2）单击"高级动画"组中的"动画窗格"按钮，则在右侧出现的动画窗格里可看到你所做的动画设置，如图5-5所示。

图5-5　动画窗格

（3）选中某个动画，单击鼠标右键，在弹出的快捷菜单中选择"效果选项"，会弹出相应动画扩展对话框，例如前面在"效果选项"中选了"圆"，则出现"圆形扩展"对话框，如图5-6所示，在对话框中可进行声音、动画播放后效果、延时等的设置。

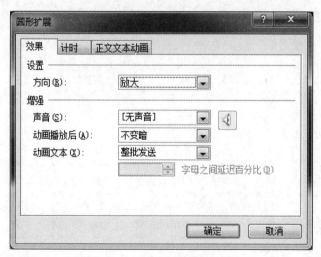

图5-6　"圆形扩展"对话框

3. 设置幻灯片背景

对幻灯片进行背景设置也是改变幻灯片外观的方法之一，具体操作方法是：

（1）单击"设计"选项卡"背景"组中的"背景样式"按钮，在展开的样式面板中单击某种样式，则所有幻灯片都会应用该背景样式。若希望只有部分幻灯片采用该样式，如第一张幻灯片采用"样式2"，则把鼠标停留在"样式2"上单击鼠标右键，在弹出的快捷菜单中选择"应用于所选幻灯片"即可，如图5-7所示。

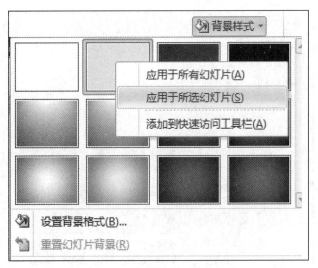

图 5-7   "背景样式"快捷菜单

（2）若对显示样式不满意，可单击"设置背景格式"命令，会弹出"设置背景格式"对话框，如图 5-8 所示。

图 5-8   "设置背景格式"对话框

（3）在对话框中进行背景的不同效果的填充设置，例如第一张幻灯片要改用"雨后初晴"填充效果，则在对话框中选择"渐变填充"，单击"预设颜色"后的向下箭头，在展开的面板中选择"雨后初晴"，如图 5-9 所示。直接单击"关闭"按钮时，样式应用于选定的幻灯片，单击"全部应用"按钮后再关闭，则样式应用于所有幻灯片。

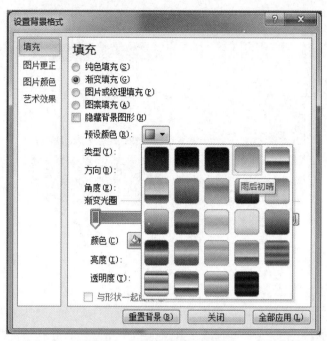

图 5-9　"渐变填充"对话框

4. 插入影片

（1）选中需要插入影片的幻灯片缩略图，单击"插入"选项卡"媒体"组中的"视频"按钮，弹出菜单中有三个选择："文件中的视频""来自网络的视频"和"剪贴画视频"，如图 5-10 所示。例如在第六张幻灯片中，我们要插入"表演.mpg"文件，则选择"文件中的视频"，在"插入视频"对话框中选择"表演.mpg"即可。

（2）在幻灯片放映视图下，可自行控制视频的播放或停止，如图 5-11 所示。

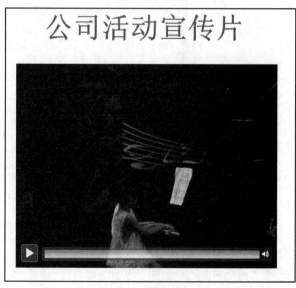

图 5-10　"视频"按钮

图 5-11　控制视频的播放

5. 插入组织结构图

在对公司的机构设置进行介绍时，使用组织结构图最能让人一目了然，例如要在第五张幻灯片中用组织结构图表示部门设置，则具体的操作方法是：

（1）选中第五张幻灯片缩略图，单击"插入"选项卡"插图"组中的 SmartArt 按钮 ，在弹出的"选择 SmartArt 图形"对话框中选择"层次结构"，如图 5-12 所示。

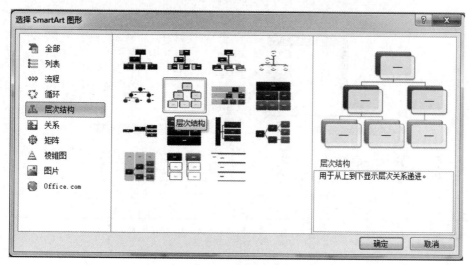

图 5-12 "选择 SmartArt 图形"对话框

（2）在幻灯片中填写相应内容，效果如图 5-13 所示。选取结构图中的文本可进行格式设置。

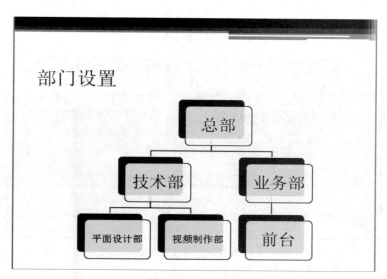

图 5-13 层次结构

注意：默认情况下，层次结构给出的层数和每层文本框数都不多，如图 5-13 所示，若实际应用中不够，可进行层数或每层文本框数的添加。操作方法是：选中某文本框，单击鼠标右键，在弹出的快捷菜单中选择"添加形状"，根据需要进行选择即可，如图 5-14 所示。

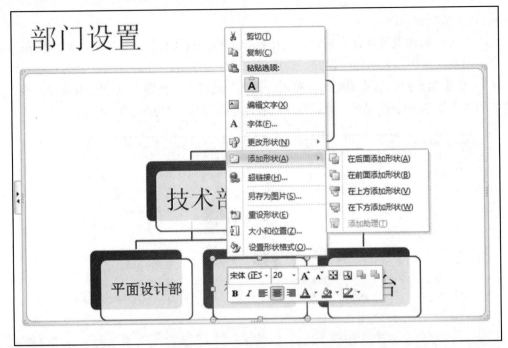

图 5-14 "添加形状"快捷菜单

6. 插入表格

例如要在第六张幻灯片中插入一业务范围表格，完成后效果如图 5-15 所示。

业务范围

序号	项目	内容
1	书籍设计	企业形象设计等
2	户外广告制作发布	会议、礼仪及展览服务
3	艺术活动策划	舞台造型、婚庆活动
4	影视制作	图文技术制作、剪辑

图 5-15 业务范围表格

具体操作方法是：

选中第六张幻灯片缩略图，单击"插入"选项卡"表格"组中的"表格"按钮或选择下拉菜单的"插入表格"选项，如图 5-16 所示，在弹出的"插入表格"对话框中填写列数和行数值，如图 5-17 所示，单击"确定"按钮完成表格的插入。

图 5-16　"插入表格"选项

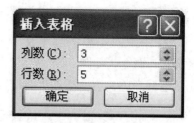

图 5-17　"插入表格"对话框

7. 插入图表

例如要在第四张幻灯片中插入一个体现团队人数的"三维饼图"，具体操作方法是：

（1）选中第四张幻灯片缩略图，单击"插入"选项卡"插图"组中的"图表"按钮，在弹出的"插入图表"对话框中选择图表的类型为"饼图"→"三维饼图"，如图 5-18 所示。

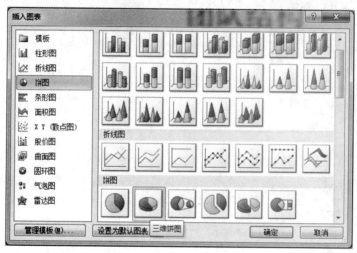

图 5-18　"插入图表"对话框

（2）单击"确定"按钮，在弹出的 Excel 工作表内输入数据，如图 5-19 所示，幻灯片上出现相应的图表，如图 5-20 所示。

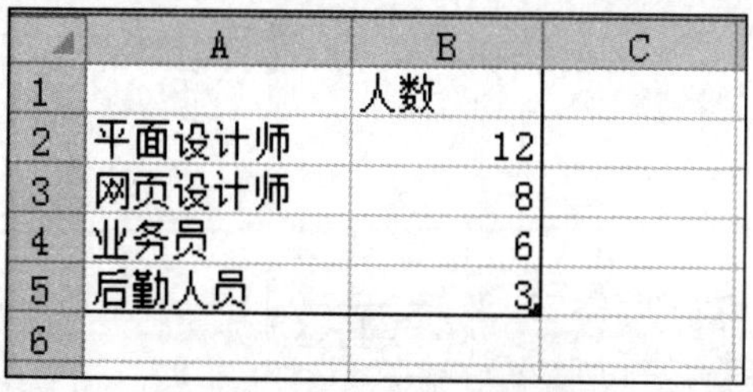

图 5-19　输入工作表数据

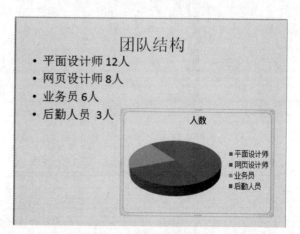

图 5-20　相应的图表

（3）设置图表格式，美化图表。若对默认图表格式不满意，可选中图表某部分，单击鼠标右键，在弹出的快捷菜单中选择修改项。例如右击"绘图区"，在弹出的快捷菜单中选择"设置绘图区格式"命令，如图 5-21 所示，弹出"设置绘图区格式"对话框，如图 5-22 所示，可进行填充、边框颜色、边框样式等的设置。

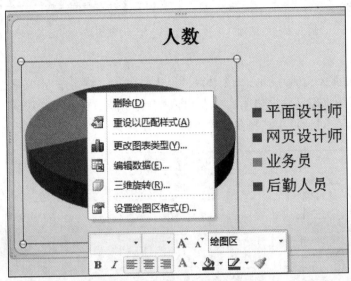

图 5-21　"绘图区"快捷菜单

图 5-22　"设置绘图区格式"对话框

8. 添加页眉页脚

（1）单击"插入"选项卡"文本"组中的"页眉和页脚"按钮，弹出"页眉和页脚"对话框，勾选"页脚"复选框，在文本框内输入文字，如"浪海广告公司"，如图 5-23 所示。

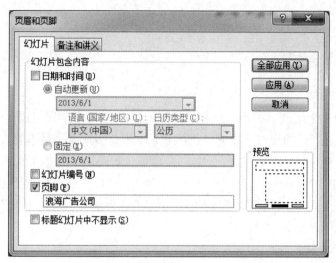

图 5-23 "页眉和页脚"对话框

（2）在"页眉和页脚"对话框中勾选"日期和时间""幻灯片编号"复选框，单击"应用"按钮，仅对选定幻灯片有效，单击"全部应用"按钮，则对本演示文稿所有幻灯片有效。

现在你是不是可以通过自己学习的内容为企业做一个简单的策划工作了呢？

最后，真的希望大家能够学以致用！

附录 A 五笔字型输入法

一、汉字的基本结构

1. 汉字的三个层次

汉字的结构分三个层次：笔画、字根、单字。单字由基本字根组成，基本字根是由若干笔画复合连接、交叉形成的相对不变的结构组合，字根是组成汉字最重要、最基本的单位，笔画归纳为横、竖、撇、捺、折五类。

例如，"只"由"口"和"八"两个基本字根组成，"口"这个基本字根又是由"丨"（竖）、"乙"（折）、"一"（横）这三个基本笔画组成；"八"这个基本字根是由"丿"（撇）、"丶"（捺）这两个基本笔画组成。

2. 汉字的五种笔画

笔画的定义：在书写汉字时，不间断地一次连续写成的一个线段叫做汉字的笔画。

在只考虑笔画的运笔方向，而不计其长短轻重时，汉字的笔画分为五类：横、竖、撇、捺、折。为了便于记忆，依次用 1、2、3、4、5 作为代号，如附表 A.1 所示。

附表 A.1 五种笔画及其编码

代号	笔画名称	笔画走向	笔画及其变形
1	横	左→右	一
2	竖	上→下	丨 丿
3	撇	右上→左下	丿
4	捺	左上→右下	丶
5	折	带转折	乙 乛 乚 彡 𠃌 ㄅ

为了使问题更加简单，还对有些笔画做了特别的规定：

（1）由"现"是"王"字旁可知，提笔"㇀"应属于横"一"。

（2）由"村"是"木"字旁可知，点笔"丶"应属于捺"丶"。

（3）竖左钩属于竖，竖右钩属于折。

（4）其余一切带转折、拐弯的笔画，都归折"乙"类。

3. 基本字根

由笔画交叉、连接复合而形成的相对不变的结构在五笔字型中称为字根。字根优选的原则是将那种组字能力强，而且在日常汉语中出现次数多（使用频度高）的笔画结构选作为字根。根据这个原则，"五笔字型"输入法的创始人王永民先生共选定 130 个字根作为五笔字型的基本字根。任何一个汉字只能按统一规则拆分为基本字根的确定组合，不能按自己的意志产生多种拆分。

4. 字根间的结构关系

字根间的结构关系可以概括为单、散、连、交这四种类型。

（1）单：本身就可以单独作为汉字的字根，在 130 个基本字根中占很大比重，如寸、土、米等。

（2）散：构成汉字不止一个字根，且字根间保持一定的距离，不相连也不相交，如汉、昌、苗、花等。

（3）连：指一个字根与一个单笔画相连。五笔字型中字根间的相连关系特指以下两种情况：

1）单笔画与某基本字根相连。例如：

　　　自　　　　且　　　　尺　　　　正　　　　下

（丿连目）（月连一）（尸连丶）（一连止）（一连卜）

2）带点结构，认为相连。如勺、术、太、主、义、头、斗。

这些字中点与另外的基本字根并不一定相连，其间可连可不连，可稍远可稍近。在五笔字型中把上述两种情况一律视为相连。这种规定有利于今后字型判定中的简化、明确。

另外，五笔字型中并不把以下字认为是字根相连得到的，如足、充、首、左、页；单笔画与基本字根间有明显距离者不认为相连，如个、少、么、旦、全。

（4）交：指两个或多个字根交叉重叠构成汉字。例如：

　　　本——木交一　　　　　　　里——日交土

　　　申——日交丨　　　　　　　必——心交丿

5. 汉字的三种字型结构

有些汉字，他们所含的字根相同，但字根之间关系不同。如下面几组汉字：

叭　只：两字都由字根"口、八"组成。

旭　旯：两字都由字根"九、日"组成。

为了区分这些字，使含相同字根的字不重码，还需要字型信息。字型是指汉字各部分间位置关系的类型。五笔字型法把汉字字型划分三类：左右型、上下型、杂合型。这些字型的代号分别是 1、2、3，如附表 A.2 所示。

附表 A.2　汉字的三种字型及代号

代号	字型	字例	特征
1	左右	汉 湘 结 封	字根之间可有间距，总体左右排列
2	上下	字 莫 花 华	字根之间可有间距，总体上下排列
3	杂合	困 凶 这 司 乖 本 年 天 果 申	字根之间虽有间距，但不分上下左右，浑然一体，不分块

（1）左右型汉字：如果一个汉字能分成有一定距离的左右两部分或左、中、右三部分，则这个汉字就称为左右型汉字。如汉、部、称、则等。

（2）上下型汉字：如果一个汉字能分成有一定距离的上下两部分或上、中、下三部分，则这个汉字称为上下型汉字。如字、定、分、意、花、想等。字型区分时，也用"能散不连"的原则，矢、卡、严都视为上下型。

（3）杂合型汉字：如果组成一个汉字的各部分之间没有简单、明确的左右型或上下型关系，则这个汉字称为杂合型汉字。

内外型汉字一律视为杂合型，如团、同、这、边、困、匝等汉字，各部分之间的关系是包围与半包围的关系，一律视为杂合型。

一个基本字根连一个单笔画视为杂合型。如自、千、尺、且、午等。

一个基本字根之前或之后的孤立点视为杂合型汉字。如勺、术、太、主等。

几个基本字根交叉重叠之后构成的汉字视为杂合型。如申、里、半、东、串、电等。下含"走之"的汉字为杂合型，如进、逞、远、过。

二、五笔字型键盘设计

1. 字根键盘

130 个基本字根排在英文键盘上，形成了"字根键盘"。五笔字型在键盘上安排字根的方式是：

①区位号：将英文键盘上的 A～Y 共 25 个键分成五个区，区号为 1～5；每区 5 个键，每个键称为一个位，位号为 1～5。如果将每个键的区号作为第一个数字，位号作为第二个数字，那么用两位数字就可以表示一个键，这就是我们所说的"区位号"。

②分五类：将 130 个基本字根按首笔画并兼顾键位设计的需要划分为五大类，每大类各对应键盘上的一个区；每一大类又分作五小类，每小类各对应相应区内的一个位。这样，用一个键的区位号或字母就可以表示键对应的一小类基本字根。

2. 五笔字型字根的键位特征

五笔字型的设计力求有规律、不杂乱，尽量使同一键上的字根在形、音、义方面能产生联想，这有助于记忆，便于迅速熟练掌握。键位有以下的规律性：

（1）字根首笔笔画代号和所在的区号一致。

（2）除字根的首笔代号与其所在的"区号"保持一致外，相当一部分字根的第二笔代号还与其"位号"保持一致。

例如王、戋，它们的第一笔为横，代号 1 与区号一致；第二笔也是横，代号仍为 1，与其位号一致，因此这些字根的区位号或字根代码为 11（G）。

又如文、方、广，它们的首笔是捺（点），代号为 4，次笔是横，代号为 1，所以它们的区位码或字根代码为 41（Y）。

（3）与键名字根形态相近。如"王"字键上有"五"等字根，"日"字键上有"曰"和"虫"等字根。

（4）键位代码还表示了组成字根的单笔画的种类和数目，即位号与各键位上的复合散笔字根的笔画数目保持一致。

例如，点的代号为 4，那么 41 代表一个点"丶"，42 代表两个点"冫"，43 代表三个点"氵"，44 代表四个点"灬"等。依此类推，一个横"一"一定在 11 键位上，两个横"二"一定在 12 键上，三个横"三"一定在 13 键上。竖、撇、折仍然保持这个规律。

（5）例外，笔画特征与所在区、位号不相符合，同时与其他字根间又缺乏联想性，对这类字根的记忆一方面要借助字根助记词来加以记忆，另一方面要特别用心去记住。例如车、力、耳、几、心等汉字。

五笔字型键盘字根总图是五笔字型汉字编码方案的"联络图"。掌握了以上五大特点，再熟悉五笔字型字根助记词后，整个字根键位表是比较容易记住的。

三、五笔字型汉字输入规则

1. 编码规则

单字的五笔字型输入编码口诀如下：

　　　五笔字型均直观，依照笔顺把码编；键名汉字打四下，基本字根请照搬；
　　　一二三末取四码，顺序拆分大优先；不足四码要注意，交叉识别补后边。

口诀中包括了以下原则：

（1）取码顺序，依照从左到右，从上到下，从外到内的书写顺序。

（2）键名汉字编码为所在键字母连写四次。

（3）字根数为四或大于四时，按一、二、三、末字根顺序取四码。

（4）不足四个字根时，打完字根编码后，把交叉识别码补于其后。

（5）口诀中"基本字根请照搬"和"顺序拆分大优先"是拆出笔画最多的字根，或者拆分出的字根数要尽量少。

2. 键名字根汉字的输入原则

除了 Z 键之外，其他 25 个英文字母键上各分配有一个汉字，这 25 个汉字就称为键名汉字：

　　　王土大木工，目日口田山，禾白月人金，言立水火之，已子女又纟

键名汉字输入规则为：连击所在键（键名码）四下。例如：

　　　"王"字编码为：GGGG

　　　"口"字编码为：KKKK

3. 成字字根汉字的输入原则

在 130 个基本字根中，除 25 个键名字根外，还有几十个字根本身可单独作为汉字，这些字根称为成字字根，由成字字根单独构成的汉字称为成字字根汉字。键名汉字和成字字根汉字合称为键名字，成字字根汉字的输入规则为：

　　　键名码+首笔码+次笔码+末笔码

其中首笔码、次笔码和末笔码不是按字根取码，而是按单笔画取码，横、竖、撇、捺、折五种单笔画取码如下：

　　　横　竖　撇　捺　折
　　　G　H　T　Y　N

例如"竹"的编码为 TTGH（键名码为 T，第一笔画"丿"对应 T，第二笔画"一"对应

G，末笔画"|"对应 H）。

当成字字根仅为两笔时，只有三码，最后需要补一空格。例如：

辛：UYGH　　　　力：LTN[空]

雨：FGHY　　　　干：FGGH

4. 单笔画汉字的输入原则

单笔画横和汉字数码"一"及汉字"乙"都是只有一笔的成字字根，用上述规则不能概括，而单笔画有时也需要单独使用，特别规定五个笔画的编码如下：

一：GGLL　　|：HHLL　　丿：TTLL　　、：YYLL　　乙：NNLL

编码的前两码可视为和前述规则有统一性，第一码为键名码，第二码为首笔码。因无其他笔画，补打两次 L 键。

5. 字根数大于或等于 4 个的键外字的输入规则

键面字以外的汉字称为键外字，键外字占汉字中的绝大多数。首先按拆分原则将这类字按书写顺序拆分成字根，再按输入规则编码。其输入规则为：

第一字根码+第二字根码+第三字根码+末字根码

附表 A.3 中给出了两个例子。

附表 A.3　字根数大于或等于 4 个的键外字的输入

汉字	拆分字根	编码
型	一 艹 刂 土	GAJF
续	纟 十 乙 冫 大	XFND

6. 字根数小于 4 个的键外字的输入规则

字根数小于 4 个的键外字的输入规则大体可以表述为：

第一字根码+第二字根码+第三字根码+末笔字型交叉识别码

即不足四码补充一个末笔字型交叉识别码。

（1）末笔字型交叉识别码。

键外字的字根不足四个码时，依次输入字根码后，再补一个识别码。识别码由末笔画的类型编号和字型编号组成，故称为末笔字型交叉识别码。识别码为两位数字，第一位是末笔画类型编号，第二位是字型代码，把识别码看作一个键的区位码，便得到交叉识别字母码，如附表 A.4 所示。

附表 A.4　末笔字型交叉识别码

末笔	左右型	上下型	杂合型
横 1	11G	12F	13D
竖 2	21H	22J	23K
撇 3	31T	32R	33E
捺 4	41Y	42U	43I
折 5	51N	52B	53V

附表 A.5 所示是应用末笔字型交叉识别码的两个实例。

附表 A.5　应用末笔字型交叉识别码的两个实例

汉字	拆分字根	字根码	识别码	编码
析	木　斤	SR	H	SRH
灭	一　火	GO	I	GOI

加识别码后仍不足四码时，按空格键结束。

（2）关于末笔画的规定。

末字根为力、刀、九、七等时一律认为末笔画为折（即右下角伸得最长远的笔画）。例如：

仇：WVN　　　化：WXN

所有包围型汉字中的末笔规定取被包围的那一部分笔画结构的末笔。例如"国"，其末笔应取"丶"，识别码为 43（丨）。

不以"走之"部分后的末笔为整个字的末笔来构造识别码，例如进、逞、远的识别码应为 23（K）、13（D）、53（V）。

四、五笔字型简码输入规则

为了提高录入速度，五笔字型编码方案还将大量常用汉字的编码进行简化。经过简化以后，只取汉字全码的前一个、前二个或前三个字根编码输入，称为简码输入。根据汉字的使用频率高低，简码汉字分为一级简码、二级简码和三级简码。

1. 一级简码

根据每键位上的字根形态特征，在 5 个区的 25 个位上，每键安排了一个使用频率最高的汉字，称为一级简码，即常用的 25 个高频字：

一地在要工，上是中国同，和的有人我，主产不为这，民了发以经

这类字的输入规则是：[所在键]+[空格]。例如：

"地"字编码为：F[空格]

"中"字编码为：K[空格]

2. 二级简码

五笔字型将汉字频率表中排在前面的常用字称为二级简码汉字，共 625 个汉字。

输入规则是：该字的前两码+[空格]。例如：

"于"字编码为：GF[空格]

"五"字编码为：GG[空格]

3. 三级简码

三级简码字母与单字全码的前三个相同，但用空格代替了末字根或识别码。所以简码的设计不但减少了击键次数，而且省去了部分汉字的"识别码"的判断和编码，给使用带来了很

大方便。三级简码有 4400 个左右。

　　输入规则是：该字前三个字根编码+[空格]。例如：

　　　　"黛"字编码为：WAL[空格]

　　　　"带"字编码为：GKP[空格]

　　例如，"经"字有四种输入方法：

　　　　经（X[空格]）　　经（XC[空格]）　　经（XCA[空格]）　　经（XCAG）

　　全部简码占常用汉字的绝大多数，在实际录入汉字时，若能记住哪些字有简码，则能大大提高输入速度；若记不住，可按全码的输入规则输入汉字。

五、五笔字型词组输入规则

　　为了提高录入速度，五笔字型里还可以用常见的词组来输入。"词组"指由两个及两个以上汉字构成的汉字串。这些词组有二字词组、三字词组、四字词组和多字词组。输入词组时与输入汉字单字时一样可直接击入编码，不需要另外的键盘操作转换，这就是所谓的"字词兼容"。

　　1．二字词组

　　输入规则是：每字取其全码的前两码组成四码。例如：

　　　　机器　　木几口口　　　SMKK

　　　　中国　　口｜口王　　　KHLG

　　2．三字词组

　　输入规则是：前两个字各取其前一码，最后一字取其前两码组成四码。例如：

　　　　计算机　　讠竹木几　　　YTSM

　　　　大部分　　大立八刀　　　DUWV

　　3．四字词组

　　输入规则是：每个字各取全码中的第一码组成四码。例如：

　　　　绝大多数　　纟大夕米　　　XDQO

　　　　披肝沥胆　　扌月氵月　　　REIE

　　4．多字词组

　　输入规则是：取第一、二、三、末字的首码组成四码。例如：

　　　　中国共产党　　　口口卄ⁿ　　　KLAI

　　　　中华人民共和国　　口亻人口　　　KWWL

六、重码、容错码和学习键

　　1．重码的处理

　　在五笔字型中，把有相同编码的字叫"重码字"。对重码字用屏幕编号显示的办法，让用户按主键盘最上排的数码键选择所用的汉字。如键入 FCU 即显示：

　　　1 去　　　　2 云

如需要选用 1 号字"去"，就不必挑选，只管输入下文，1 号字"去"就会自动显示到当前光标所在的位置上来；如需要选用 2 号字"云"，可键入数字键 2。

2. 容错码的处理

对容易弄错编码的字和允许搞错编码的字，允许按错码输入，叫做"容错码"。容错码的汉字有 500 个左右。有容错码的汉字主要特点如下：

（1）个别汉字的书写顺序因人而异，拆分顺序容易弄错。如"长"字有以下四种编码：

长：丿 七 丶　　　　编码为 TAYI，正确码

长：丿 一 乙 丶　　　编码为 TGNY，容错码

长：七 丿 丶　　　　编码为 ATYI，容错码

长：一 丨 丿 丶　　　编码为 GHTY，容错码

又如"秉"字有以下两种编码：

秉：丿 一 彐 小　　　编码为 TGVI，正确码

秉：禾 彐　　　　　　编码为 TVI[空]，容错码

（2）字型容错。个别汉字的字型分类不易确定，为其设计有容错码。例如：

占：卜 口　　12　　编码为 HKF[空]，正确码

占：卜 口　　13　　编码为 HKD[空]，容错码

右：𠂇 口　　12　　编码为 DKF[空]，正确码

右：𠂇 口　　13　　编码为 DKD[空]，容错码

3. 万能学习键

Z 键，称为万能学习键，它起两个作用：

（1）代替识别码。如果一时不能写出某个汉字的识别码，可用 Z 键代替。如不知道"个"的识别码时，若打入 WHZ[空]，此时提示行显示出：

　　　1 个 WHJ　　2 候 WHND　　3 俱 WHWY　　4 仆 WHY　　5 企 WHF

这时，键入数字键 1 即可把"个"字插入到当前编辑位置。

（2）代替用户一时记不清或分解不准的任何字根，并通过提示行使用户知道 Z 键对应的键位或字根。例如，当记不清"薪"的第三个字根的编码时，可以击 ASZ[空]，这时提示行显示出：

　　　1 笨 ASG　　2 苫 AS　　3 蘸 ASGO　　4 茜 ASF　　5 薪 ASR

键入数字 5，即可把"薪"字调到正常编辑的位置上。

值得注意的是，以上的输入法提示行的内容是不确定的。根据输入法的不同，会出现不同的可选项。

在练习过程中，如果对某个汉字的拆分不熟悉或对识别码不熟悉，都可以通过已熟悉的字根加上 Z 键来学习。当然，用 Z 键时，自然会增加重码，增加选择时间，所以希望用户能尽早记住字根和五笔字型编码方案，多做练习，少用或不用 Z 键。

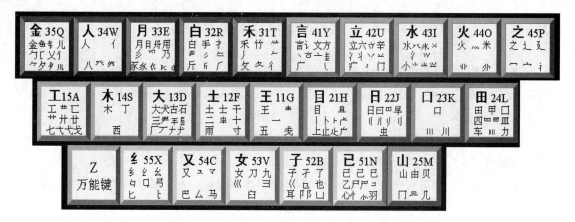

一区	二区	三区	四区	五区
11（G）王旁青头戋（兼）五一	21（H）目具上止卜虎皮	31（T）禾竹一撇双人立 反文条头共三一	41（Y）言文方广在四一 高头一捺谁人去	51（N）已半巳满不出己 左框折尸心和羽
12（F）土士二干十寸雨。	22（J）日早两竖与虫依	32（R）白手看头三二斤	42（U）立辛两点六门	52（B）子耳了也框向上
13（D）大犬三羊古石厂	23（K）口与川，字根稀	33（E）月彡（衫）乃用家衣底	43（I）水旁兴头小倒立	53（V）女刀九臼山朝西
14（S）木丁西	24（L）田甲方框四车力	34（W）人和八，三四里	44（O）火业头，四点米	54（C）又巴马，丢矢矣
15（A）工戈草头右框七	25（M）山由贝，下框几	35（Q）金勺缺点无尾鱼，犬旁留叉儿一点夕，氏无七（妻）	45（P）之字军盖建道底 摘礻（示）衤（衣）	55（X）慈母无心弓和匕幼无力

五笔字型键盘字根总图及助记词

附录 B 常用字符 ASCII 码表

ASCII 值（十进制）	控制字符	ASCII 值（十进制）	字符	ASCII 值（十进制）	字符	ASCII 值（十进制）	字符
0	NUL	32	SPA	64	@	96	'
1	SOH	33	!	65	A	97	a
2	STX	34	"	66	B	98	b
3	ETX	35	#	67	C	99	c
4	EQT	36	$	68	D	100	d
5	ENQ	37	%	69	E	101	e
6	ACK	38	&	70	F	102	f
7	BEL	39	'	71	G	103	g
8	BS	40	(	72	H	104	h
9	HT	41	)	73	I	105	i
10	LF	42	*	74	J	106	j
11	VT	43	+	75	K	107	k
12	FF	44	,	76	L	108	l
13	CR	45	-	77	M	109	m
14	SO	46	.	78	N	110	n
15	SI	47	/	79	O	111	o
16	DLE	48	0	80	P	112	p
17	DC1	49	1	81	Q	113	q
18	DC2	50	2	82	R	114	r
19	DC3	51	3	83	S	115	s
20	DC4	52	4	84	T	116	t
21	NAK	53	5	85	U	117	u
22	SYN	54	6	86	V	118	v
23	ETB	55	7	87	W	119	w
24	CAN	56	8	88	X	120	x
25	EM	57	9	89	Y	121	y
26	SUB	58	:	90	Z	122	z
27	ESC	59	;	91	[	123	{
28	FS	60	<	92	\	124		
29	GS	61	=	93	]	125	}
30	RS	62	>	94	^	126	~
31	US	63	?	95	_	127	DEL